세상에서 가장 소중한 우리 아기 _____에게
건강하고 슬기롭게 자라길 바라며,
사랑을 담아 엄마 아빠가.

똑똑한 아이 만드는 뇌 태교동시

똑똑한 아이 만드는

뇌 태교 전문의 김성수 원장의 오감 발달 맞춤 태교법

뇌 태교동시

/

김성수 지음

/

RHK
알에이치코리아

임신 열 달, 오감을 자극하는 뇌 태교로 아기의 감성과 지성을 함께 일깨우세요

"축하합니다. 임신이시네요."

처음 임신을 확인했던 그때 그 순간을 기억하시나요? 기대와 설렘으로 두근두근 콩닥대던 그날의 떨림을 어떻게 잊을 수 있을까요. 세상을 다 얻은 것 같은 희열감을 느끼다가도 이제 부모라는 책임감에 마음을 단단히 먹기도 하겠지요. 비록 그분들만큼은 아니더라도 이런 광경을 설레는 마음으로 지켜보는 사람이 있습니다. 바로 담당 의사입니다.

오랜 기간 의사로서 수많은 임신부를 봐왔지만, 아직도 임신을 알리는 순간만큼은 기쁨과 긴장이 교차합니다. '생명'이라는 이름이 붙은 것 중 어느 하나 귀하지 않거나 소중하지 않은 게 없기 때문입니다. 그것이 바로 생명이 주는 행복감과 무게감이지요. 임신이라는 말에 환한 웃음을 띠며 기뻐하는 부모님을 보고 있자면, 한 생명이 세상에 왔음을 알리고 그 생명을 탄생시키는 일을 한다는 사실이 얼마나 보람되고 가슴 벅찬 일인지 다시금 깨닫곤 합니다.

태교는 예비 부모와 아이를 잇는 사랑의 탯줄입니다

엄마와 아기가 함께하는 특별한 열 달. 아기가 크는 동안 엄마도 달라집니다. 조금은 불편하고 약간은 낯선 변화가 몸과 마음에 함께 찾아오지요. 하지만 불편하다고 해서 엄마 노릇을 포기하겠다는 임신부는 아직 보지 못했습니다. 아무리 앳된 여성이라도 아기가 들어서면서부터는 의젓한 예비 엄마가 되니 참으로 신비로울 따름입니다.

아기가 쑥쑥 크는 10개월 동안 엄마 몸은 여기저기 불편해지겠지만 따뜻하고 애틋한 마음만큼은 점차 커져만 갑니다. 아기도 엄마 아빠를 쏙 닮아 몸도 마음도 건강한 아이로 태어나겠지요. 그 과정에서 임신부 또한 엄마로 새롭게 태어납니다. 물론 예비 아빠도 마찬가지지요.

태교는 이러한 예비 부모와 태아 사이를 이어주는 정서적 탯줄입니다. 엄마의 탯줄은 태아에게 필요한 영양분을 채워주는 역할을 하지요. 태교로 이어진 정서적인 탯줄은 예비 부모의 사랑을 듬뿍 전달하는 통로입니다. 이 통로를 통해 태아는 엄마 아빠의 넘치는 애정을 전달받고 정서적으로 안정감을 가지며 자기만의 감성을 일깨워갑니다. 이것이 바로 태교의 궁극적인 목적이 아닐까요?

태아의 오감을 골고루 자극해 두뇌를 계발하는 오감 태교법

이전 『뇌 태교동화』를 집필했을 당시만 해도 태아기의 두뇌 발달 및 정서 발달에 관심을 기울이며 아기에게 말을 걸려는 부모가 많지 않았습니다. 하지만 요즘은 예비 부모의 필수 품목에 클래식 음반과 함께 태교동화책이 포함되는 등, 그때와는 사뭇 달라졌지요. 동화를 통해 조금이라도 태아와 교감하려는 부모가 늘어나는 것을 보면 저자로서 뿌듯함을 느끼기도 합니다.

그러나 시간이 지나면서 점점 그저 동화를 읽어주는 것에서 나아가 조금 더 구체적이고 과학적인 태교 플랜이 필요하다는 생각이 들었습니다. 뇌 발달의 견인차 역할을 하는 오감 발달에 초점을 맞추어 시기별로 적확한 태교를 하도록 돕는 실용적인 책 말이지요. 이 책은 그런 고민 끝에 탄생한 결과물입니다.

사람은 오감으로 세상과 소통합니다. 하나라도 다른 네 가지보다 떨어지면, 다른 감각의 기능이 극대화되어 부족한 감각을 채울 만큼 생존에 직결되는 기능이 바로 오감이지요. 오감은 엄마 배 속에서부터 조금씩 발달해나갑니다. 촉각이나 청각처럼 임신 초기에 빠르게 발달하는 감각도 있고, 시각처럼 느리게 발달하여 출생 이후까지 쭉 자라는 감각도 있지요. 각 감각이 자라는 시기에 맞추어 적절한 자극을 주면 태아의 감각이 그에 반응하여 더욱 정교하게 발달합니다. 뇌와 감각이 한창 분화하고 성장하는 과정을 겪는 태아에게, 감각의 발달은 곧 두뇌 발달을 의미하기도 합니다. 결국, 오감을 골고루 자극한다는 것은 두뇌를 다방면으로 자극한다는 이야기가 되는 것입니다.

이 책은 다섯 가지 감각을 큰 축으로 하여 목차를 구성하고, 각 장마다 해당 감각을 소개한 다음, 오감을 대표하는 동시와 함께 실전 태교법을 실어 엄마 아빠가 실질적으로 태아의 감각을 발달시킬 수 있도록 했습니다.

엄마 아빠에게 오감은 너무나 당연한 감각입니다. 하지만 엄마 배 속에서 오감을 한창 발달시키고 있는 태아 입장에서 감각은 늘 미지의 영역이랍니다. 태아가 지금 어떤 감각을 어떻게 느끼고 있을지 궁금하지 않으신지요. 오감을 설명하는 부분을 꼼꼼하게 읽고, 이 순간 아기가 어떤 상태인지를 확인하면 어느 정도 궁금증이 풀릴 겁니다.

실전 태교법은 실제로 어떻게 태교를 해야 할지조차 몰라 고민인 초보 엄마 아빠를 위한 가이드라인입니다. 동화나 동시 읽기가 지루하다면 태교를 생활 속에 끌어들이는 실전 태교법부터 따라 해보세요.

동시, 이렇게 읽어주고 즐겁게 태담하세요

이 책의 가장 중요한 특징은 바로 동시를 매개로 태담을 이끌어낸다는 점입니다. 동시는 운율을 살려 읽을 수 있는 음악적인 장점과 함께 이야기와 감정을 전달하는 동화의 장점을 함께 가지고 있습니다. 아이들은 반복되는 의성어나 의태어에 즐거운 반응을 보입니다. 동시나 노랫가락처럼 리듬감이 섞인 언어를 들으면 귀를 쫑긋 세우지요. 게다가 동시는 짧은 내용 속에 많은 이미지나 감각을 함축해서 표현한 것이 많아, 태아의 상상력을 키우고 창의성을 발달시킵니다. 동화보다 템포가 짧아 집중해서 읽을 수 있다는 것도 큰 장점이지요. 짧고 강렬한 동시는 늦은 시간에 퇴근해 동화 읽는 것 자체를 부담스러워하는 예비 아빠라도 손쉽게 읽어줄 수 있어 좋답니다.

이 책에 수록된 모든 동시는 오감을 자극하여 뇌 발달을 돕게끔 구성된 창작 동시입니다. 동시를 읽을 때는 해당 감각을 모두 예민하게 일깨운 다음 아기에게 말을 걸듯 또박또박 천천히 읽어주세요. 운율이 살아 있는 동시라면 리듬감을 살려 톡톡 튀게 읽습니다. 아이들은 반복되는 언어를 기억하고 즐거워하니, 태아에게 말놀이의 즐거움을 알려주기 위해 두세 번 읽어주는 것도 좋겠지요. 엄마 아빠가 재미나게 읽어주면 태동을 보이는 등, 아기가 먼저 반응할 겁니다.

동시를 읽으며 동시와 함께 어우러진 그림도 천천히 감상해볼까요? 알록달록한 색감, 시원하게 뻗은 선을 보며 언어적 자극과 함께 시각적 자극을 주는 겁니다. 임신 초기의 태아는 귀를 활짝 열어둔 상태라 동시 자체에 반응하지만, 임신 후기에 접어들면 엄마가 보는 이미지에 더욱 큰 자극을 받는답니다. 이 책에는 여러 가지 기법의 다양한 그림이 들어 있으니 반복해서 펼쳐보며 아기에게 시각적인 자극을 주도록 하세요.

동시마다 어떻게 읽으면 좋은지 설명하는 팁이 붙어 있습니다. 되도록 이것을 먼저 확인한 다음 읽어주세요. 팁에는 어떤 음악을 들어보라거나 어떤 행동을 해보라는 등의 구체적인 팁부터 간단한 명상법이나 부모의 마음가짐에 이르기까지 여러 가지 조언이 담겨 있답니다. 각 동시에 어울리는 감각을 열어두는 과정이니 되도록 귀찮아하지 말고 따라 해주세요.

동시가 끝나면 바로 엄마와 아빠의 태담 시간이 펼쳐집니다. 동시 덕분에 일깨운 감각에 관한 이야기, 동시를 읽으며 느낀 점 등, 다양한 이야기를 나눠보세요. 태담에 익숙하지 않은 예비 엄마 아빠를 위해 워크북 형식에 가까운 질문을 달아두었으니 이 내용을 읽어주거나 질문에 스스로 답을 찾으며 아기와 대화하는 것도 좋습니다.

부모의 사랑을 전하는 태교에 정답은 없습니다

이 세상에 영원히 변치 않을 것이 있다면 자식에 대한 부모의 사랑일 것입니다. 과거에도 그랬고 현재뿐만 아니라 앞으로 다가올 미래에도 자식을 잘 키우고자 하는 부모의 바람은 이어질 것입니다. 그런 부모님의 소중한 마음가짐을 담아 건강하고 행복한 아기를 키우는 데 조금이나마 도움을 드렸으면 하는 마음으로 책을 집필했습니다.

아기와 부모가 행복해지는 태교 책을 쓰기 위해 노력하였지만, 역설적이게도 태교에 정답은 없다는 결론에 이르렀음을 고백할 수밖에 없습니다. 누구에게는 좋은 음악이 다른 이에게는 우울하게 느껴질 수 있고, 아침에는 보기 좋았던 그림이 저녁에는 보기 괴로울 수도 있습니다. 아기에게 좋다는 음식을 추천받아서 먹었는데 입에 맞지 않아 불쾌해졌다면 이것이 과연 올바른 태교 음식일까요? 물론 아니겠지요. 주변의 말에 무조건 따를 필요는 없습니다. 말 그대로 참고만 한 다음, 자신에게 기쁨과 편안함을 느끼게 해주는 나만의 방법을 찾아보세요. 이 책이 그 방법을 찾는 데 있어 도움이 된다면 저자로서, 또한 두 아이를 키우는 부모로서 무한한 영광이 될 것입니다.

새로운 생명을 잉태하고 온전하게 키우는 행위는 그야말로 어렵고 힘든 일이지만 그만큼 고귀하고 값진 일은 없을 것입니다. 이 세상의 모든 부모님께 감사하다는 말씀을 전합니다.

2012년 가을
생의 동반자인 소중한 아내 이효정 님과
기쁨과 행복을 주는 민경, 윤경 두 아이에게 사랑을 전하며

목차

PART.1

촉각
태교
觸覺

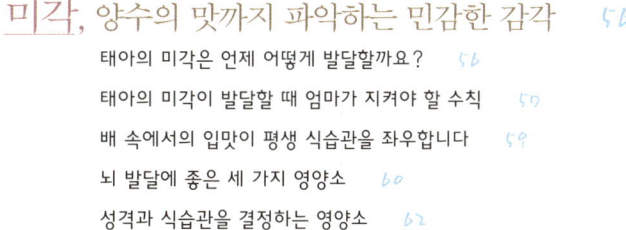

임신 중 아기의 성장과 엄마의 변화

구분		초기		중기	
시기	임신 1개월	임신 2개월	임신 3개월	임신 4개월	임신 5개월
아기의 성장	자궁 안에서 아기집이 자라요.	심장이 뛰고 머리, 뇌, 장기가 형성됩니다.	머리와 몸통, 팔다리의 구분이 확실해져요.	기관이 거의 다 형성됐고 이제는 커지는 단계입니다. 태반이 형성되고 태아의 성별을 구분할 수 있어요.	아기는 완전한 사람의 형태를 갖추고 있습니다. 머리카락도 생겼어요.
오감 발달		● 촉각 — 태아가 처음 촉각을 느껴요.	● 촉각 — 피부 감각 발달로 촉각이 생겨요. 이를 느끼기 위해 적극적으로 빱니다. ★ 미각 — 혀에 맛봉오리(미뢰)가 생기며 맛을 처음 느낍니다. 이때 양수를 삼키면서 차츰 미각이 발달해요. ■ 청각 — 내이가 만들어져 자궁 밖에서 나는 소리를 듣습니다. 청각태교를 시작하기 좋은 때입니다.	● 촉각 — 뇌에서 촉각을 처리할 수 있게 됩니다. ★ 미각 — 맛봉오리가 입안 전체로 퍼져 성숙합니다. ♥ 후각 — 뇌에 냄새를 인식하는 부분이 생성됩니다.	● 촉각 — 양수의 흔들림이나 배를 쓰다듬는 등의 외부 자극에 반응을 보입니다. ♥ 후각 — 콧속에 냄새를 맡을 수 있는 후각섬모가 생깁니다. ■ 청각 — 청각 기능이 본격적으로 발달합니다. 엄마의 규칙적인 심장 소리에 반응을 보입니다.
엄마의 변화	생리가 멈추는 것 외에 아직 특별한 변화는 없어요.	입덧이 시작됩니다. 해로운 약물 등에 가장 영향을 크게 받는 시기입니다.	입덧이 심해집니다. 주먹만큼 커진 자궁이 방광을 압박하여 빈뇨 혹은 변비가 발생할 수 있어요.	입덧이 사라집니다. 자궁이 아기 머리만큼 커져요. 다행히 방광의 압박은 줄어듭니다.	자궁이 어른 머리만큼 커져 아랫배가 불러옵니다. 식욕이 늘고 유선이 발달해요.
태교 하기	아기가 잘 자랄 수 있도록 몸과 마음을 가다듬습니다.	명상, 다도 태교로 마음을 편하게 하세요.	가벼운 산책이나 가뿐한 운동으로 태아의 촉각을 자극해주세요. 음악 감상과 태담을 시작합니다.	엄마와 정서적으로 교감할 수 있어요. 악기 연주나 만들기 같은 취미 생활을 시작해보세요.	엄마가 좋아하는 냄새를 맡으며 정서적 안정을 취하세요. 임신부 요가나 체조를 배우는 것도 좋아요.
임신 증상	유방이 커짐	입덧이 시작되고 점점 심해짐		입덧이 사라지고 대사작용이 활발해져 조금 더워짐	태동을 느낌

중기		후기		
임신 6개월	**임신 7개월**	**임신 8개월**	**임신 9개월**	**임신 10개월**

피부가 형성되고 주름도 잡힙니다. 움직임이 더욱 많아져요.

뇌가 발달하는 시기입니다. 시각, 청각 자극에 반응하므로 대화도 가능해집니다.

머리가 아래로 향하게 됩니다. 활동이 매우 강해집니다.

거의 완전한 태아의 모습을 갖추고 있습니다. 손톱이 형성되기 시작해요.

완전히 성장하여 모체 밖에서 생활할 수 있어요.

♥ **후각** — 후각이 거의 다 발달하여 냄새를 감지하고 처리할 수 있습니다. 엄마가 맡은 냄새는 태아도 함께 맡아요.
■ **청각** — 소리 전달 기관인 달팽이관이 완성되어 모든 소리를 듣고 구별할 수 있어요.
♠ **시각** — 빛과 색을 구분하는 간상세포와 원추세포가 형성됩니다.

★ **미각** — 쓴맛과 단맛을 구분할 수 있을 정도로 발달합니다.
♠ **시각** — 뇌가 시각에 반응하며 눈꺼풀이 떠졌다 감겼다 합니다.

♥ **후각** — 냄새를 기억하기 시작합니다. 이때의 기억은 태어난 이후까지 영향을 미쳐요.
■ **청각** — 소리의 강약을 구분할 수 있으며 이를 통해 엄마의 기분을 판단할 수 있어요.
♠ **시각** — 초점 맞추기와 수직 및 수평선 탐지 능력이 나타나는 등 여러 모로 발달합니다.

★ **미각** — 맛에 대한 좋고 싫은 감정을 나타냅니다.
♥ **후각** — 엄마의 냄새 및 자주 접한 음식물 냄새 등을 기억합니다.
♠ **시각** — 동공 확대, 축소 현상이 일어나요.

♠ **시각** — 청각 자극보다 빛의 자극에 더 민감한 반응을 보입니다.

자궁이 커져 하반신의 혈액 순환을 방해합니다. 초유가 분비되기도 합니다.

배가 더욱 커지므로 요통이 생깁니다. 소변을 자주 보거나 변비가 생길 수 있어요.

자궁이 쉽게 수축하고 배가 팽팽하게 땅기는 느낌을 받습니다. 임신선이 진해지고 요통, 치질이 심해져요.

자궁이 위, 심장, 폐를 압박하여 가슴이 답답해지고 호흡도 힘들어져요. 하지 부종이 심해질 수 있습니다.

분만이 가까워져 자궁의 높이가 서서히 내려갑니다. 변비, 빈뇨, 자궁 수축이 있습니다.

엄마, 아빠 목소리를 구별할 수 있어요. 동화나 동시를 재미있게 읽어주거나 동요를 불러주세요.

미각이 발달하니 균형 있는 식단으로 음식 태교를 시작하세요.

뇌가 거의 성장했어요. 퍼즐, 스도쿠 등으로 뇌에 자극을 주세요.

시신경이 발달해요. 화려한 색채와 다양한 이미지의 그림을 보여주세요.

요가, 발레, 산책 등으로 꾸준히 몸을 움직이고 호흡법과 명상으로 마음을 다스리세요.

조기 진통이 자주 발생

몸무게 급격히 증가

초유 분비

임신선이 생김

하지 부종이 심해짐

요통, 손발 저림이 심해짐

빈뇨, 변비가 생김

觸覽

PART.1

촉각
태교

촉각,

가장 먼저 발달하는 감각

태아의 촉각은 언제 어떻게 발달할까요?

감각을 느끼는 피부는 제2의 뇌라고 할 수 있습니다. 뇌와 피부는 같은 외배엽에서 발생하는데, 그 과정에서 어떤 것은 뇌가 되고 어떤 것은 피부가 되기 때문이지요. 흔히 아기와 스킨십을 많이 하면 머리가 좋아진다고들 하는데, 이 얘기는 결코 과장이 아닙니다. 뇌와 피부의 발생 과정이 바로 그 이유이기 때문입니다.

뇌와 마찬가지로 세포층이 발달해 생기는 피부는, 밖에서 느낀 자극을 신경에 전해 외부 자극으로부터 몸을 지키는 중요한 역할을 합니다. 특히 우리의 피부 감각 중 가장 민감한 부분은 손가락 끝과 입술입니다. 왜 그럴까요? 답은 임신 기간에 있습니다. 태아는 자궁 속에서 입술과 손가락 끝의 감각을 가장 먼저 느낍니다. 그래서 그 느낌과 경험을 그대로 간직하고 태어나는 것이지요.

엄마 배 속에 있는 태아도 간접적으로 촉각을 느낄 수 있습니다. 피부 감각의 하나인 촉각은 태아의 오감 중 가장 먼저 발달해 7~8주부터 반응을 보인답니다. 10주가 되면 촉각전달을 위한 피부 신경이 나타나 자기 얼굴을 스스로 만지면서 어떻게 생겼는지도 파악할 수 있지요. 4개월이 되면 뇌에서 촉감을 처리할 수 있게 됩니다.

촉각에서 특히 중요한 시기는 임신 12주 무렵입니다. 태아는 이때부터 빠는 행동을 시작하지요. 입에 닿는 것이라면 무엇이든 빱니다. 이를테면 손, 손가락, 탯줄, 자궁벽, 팔 등 자신에게 무언가 닿았다는 것을 확실히 인지한 다음 물기도 하고 빨기도 합니다. 태아가 자궁 안에서 이렇게 물고 늘어지는 운동을 '빨아 마시기'라고 부릅니다.

12주차 태아가 적극적으로 빠는 이유는, 이때쯤 피부 감각이 일반 성인과 같은 정도로 발달하기 때문입니다. 피부 감각이 성숙한 4~5개월의 남아는 성기에 양수나 손, 탯줄이 닿으면 발기하는 경우도 있습니다. 그만큼 태아의 피부 감각이 살아 있다는 얘기지요.

17주가 되면 태동이 활발해지는데 이것 또한 피부 감각과 관련이 있답니다. 양수의 출렁거림, 배를 쓰다듬는 등의 외부 자극에 '기분 좋아요!'라는 반응을 보이는 것이니까요. 그러니 태동이 활발할수록 아기의 두뇌도 그만큼 활발하게 발달하고 있다고 생각하고 즐겁게 받아들이길 바랍니다.

태아의 촉각이 발달할 때 엄마가 지켜야 할 수칙

태아가 촉각을 처음 느끼는 7~8주에 엄마는 유방이 약간 커지고 단단해지며 유두가 민감해져 쓰리거나 아프기도 합니다. 쉽게 나른해지고 피로해지기도 하지요. 무엇보다 가장 큰 변화는 입덧입니다.

입덧의 원인은 아직 정확히 밝혀지지 않았지만, 태반에서 분비되는 호르몬이 구토를 유발한다는 이야기가 가장 일반적입니다. 또한 체내의 수분 대사가 활발하지 못해서, 혹은 스트레스가 심해 발생하기도 합니다. 임신 초기의 모체가 태아를 엄마의 몸과 한 몸이 아니라 자신에게 불편한 무엇인가로 인식하기 때문이라는 의견도 있으며, 임신을 했으니 당연히 입덧을 할 것이라는 산모의 심리적 요인이 작용해서라는 견해도 있습니다.

입덧을 경험하는 2~3개월은 임신 열 달 중 가장 힘든 때로 꼽힙니다. 긍정적으로 보자면 이 시기를 잘 넘기면 다음부터는 조금 수월해진다는 뜻이기도 하지요. 입덧 증세가 나타난다면 영양소나 칼로리를 너무 따지지 말고 입맛 당기는 음식 위주로 먹어보세요. 식사 시간이나 식사량에 얽매이지 말고 자유롭게 음식을 접하도록 합니다. 입덧을 겪는 당시에는 그 고통이 끝나지 않을 것 같아 괴롭지만, 12~13주가 지나면서 서서히 사라지니 안심해도 됩니다.

이 시기에 태아는 차츰 사람의 모습을 갖추기 시작합니다. 심장도 뛰기 시작하지요. '기관 형성기'라고도 하는 이 시기에는 태아의 세포가 분화해 골격, 피부, 근육, 내장 기관 등의 인체 기관으로 발달하며 머리와 몸통을 구분할 수 있게 됩니다. 시신경과 청각신경의 발달도 시작되는 등 여러 가지 성장이 동시에 일어나지요.

촉각이 더욱 발달하는 12~17주에는 신체 기관이 점점 커지고 더욱 발달하여 아기가 완전한 사람의 형태를 갖추게 됩니다. 자신의 몸을 움직이는 법을 깨닫게 되어 활동적으로 움직이기도 하지요. 태아는 발보다 손이 먼저 발달하며, 손가락, 발가락, 발목이 순차적으로 발달하여 섬세한 운동을 하게 됩니다. 팔다리를 움직이는 와중에 손으로 탯

줄을 만지거나 무릎을 만지기도 하는 등, 이리
저리 움직이며 촉각 탐험을 하는 때입니다.

촉각이 발달하는 시기는 아직 임신 초기
입니다. 이때는 엄마와 아기 모두 조심해야
하는 시기이지요. 아기의 기관이 처음 형성되
고 점차 성숙해지는 단계이기 때문에 내·외
부의 자극을 최소화해야 합니다. 약물 복용,
X선 검사는 반드시 전문의와 상담해야 하며
과격한 업무나 운동, 무리한 여행 등은 각별
히 주의해야 합니다.

이 무렵에는 영양 관리에 특히
신경 써야 해요. 태아의 중요 부위가 만들
어지는 임신 초기에는 엽산 복용을 잊지 마세
요. 산모에게 엽산이 결핍되면 조산이나 사산
의 위험이 있고, 아기도 신경계 기형을 안고
태어날 수 있기 때문입니다.

임신한 여성은 엽산을 일반 여성의 두
배가량인 1일 400μg 정도로 꾸준히 섭취하는
게 좋습니다. 이때 식사를 통해 권장량을 충
분히 섭취하기는 어려우므로 임신 전 3개월
부터 임신 후 12주까지는 지속적으로 엽산제

를 복용해야 합니다. 참고로 엽산이 많이 든 식품으로는 소고기, 버섯, 뱅어포 등이 있으니 평소 챙겨 드세요.

이 밖에도 참깨, 잣, 매실, 살구, 콩 등은 기본 골격과 장기 형성에 도움을 주며 사과식초와 꿀, 호박씨 등은 태아의 심장 발달에 효과가 있습니다.

터치는 가장 클래식한 태교입니다

태교의 목적은 아기의 두뇌 발달과 정서 함양에 있습니다. 그중에서도 촉각태교는 IQ와 EQ를 관장하는 두뇌 발달과 큰 관련이 있어, 태아의 사고력과 판단력, 창의력을 기르고 풍부한 감성과 감정, 그리고 면역력을 높여줍니다. 촉각은 아기의 오감 중 가장 빨리 발달하는 감각입니다. 그러니 임신 기간 중 가장 오래 엄마 아빠와 교감할 수 있는 부분이기도 하지요.

촉각태교는 일상생활 속에서 쉽게 할 수 있답니다. 엄마와 아빠가 손을 잡으면 엄마의 편안한 마음과 손에서 느껴지는 따뜻한 온기가 아기에게 그대로 전달됩니다. 단지 손을 맞잡은 것만으로도 아기는 엄마 아빠의 사랑을 깊이 느낄 수 있는 것입니다. 복잡한 과정이나 화려한 준비물도 필요 없고, 일부러 시간을 내야 하는 번거로움도 없습니다. 손을 맞대거나 발을 맞대고, 서로에게 기대어 있는 것만으로도 아기는 안정감을 느낍니다.

촉각태교는 가장 쉬우면서도 가장 강력한 효과를 가진 태교법입니다. 아기는 사랑받고 있다는 느낌만으로도 사랑할 줄 아는 사람으로 자라게 되겠지요. 피부 자극을 통한 방법으로 배 속 아기에게 엄마 아빠의 무한한 사랑을 전해주세요.

손가락 운동으로 아기와 교감하세요

"손을 많이 움직이면 머리가 좋아진다."

이런 말 많이 들어보셨지요? 실제로 손과 두뇌는 밀접하게 연결돼 있어서 손을 자극하는 일은 곧 두뇌를 자극하는 것과 같은 효과가 있습니다. 손바닥에는 무려 1만 7천 개나 되는 신경이 집중되어 있어요. 결국 신경 관리가 모두 두뇌에서 이루어지기 때문에 손가락, 손바닥 자극이 곧 두뇌 자극이 되는 것이지요. 즉, 산모가 손을 자주 써서 두뇌에 자극이 가면 태아에게도 비슷한 자극이 주어지므로 태아의 효과적인 두뇌 발달을 기대할 수 있다는 이야기입니다.

몸의 전체를 움직이지 않고 팔 부분, 특히 손과 손가락 근육을 섬세히 움직이는 운동을 '소근육 운동'이라고 합니다. 근육을 미세하게 조절하는 소근육 운동은 좌뇌 발달과 직접적인 연관이 있어 언어 기능을 돕고 사물 인지와 형태 기억력을 높이지요. 손을 많이 움직이고 손가락에 자극을 줄 수 있는 대표적인 소근육 태교법으로는 교구를 이용하는 방법이 있습니다. 가장 보편적인 것으로 바느질, 펠트 공예와 종이접기, 피아노 치기, 컴퓨터 자판 치기, 단추 끼우기, 매듭 만들기, 자르기, 그리기 등을 들 수 있습니다. 임신 기간 중에 틈틈이 손가락을 움직이며 태아와 교감해보세요. 태아에게 설명하며 손을 놀리는 것도 좋답니다.

보드라운 풀잎

풀잎 위 매끄러운 물방울

물방울을 쪼는 보송보송 아기 새

아기 새를 간질이는 살랑살랑 바람

바람에 출렁이는 보드라운 풀잎

 보송보송한 이불, 북슬북슬한 털장갑, 까끌까끌한 키위 껍질, 매끈매끈한 도자기 그릇 등
주변 사물의 촉감을 느끼며 읽어보세요.

태
담,

한마디

엄마가 너를 떠올릴 때마다 느끼는 감촉은

따스함과 포근함이란다.

우리 아가가 느끼는 엄마는 어떨까?

엄마 배 속을 헤엄치고 돌아다닐 때 받는 느낌이

엄마가 느끼듯 따뜻하고 폭신폭신한 감촉이었으면 좋겠구나.

엄마가 보드라운 이불에 싸여 잠을 청할 때

너도 아기집에 보드랍게 싸여 포근한 잠을 자길,

엄마가 촉촉한 흙을 밟으며 산책할 때

너도 엄마 배 속에서 촉촉한 기운을 함께 느끼길.

그리하여 엄마와 네가 동시에 같은 느낌을 공유한다면

아, 얼마나 멋진 일이겠니!

아빠 이야기를 들려주세요 Talk To Me
Dad!

"아빠, 엄마 배에 손을 올리고 따뜻한 목소리로 나를 불러주세요. 이번에는 엄마 배에 귀를 살짝 가져다 대고 다시 불러보세요. 어때요, 내가 느껴지나요? 나는 오늘도 쑥쑥 자라고 있어요. 이 안에서도 아빠를 느끼고 있으니 아빠도 내가 여기 있다는 걸 느껴주세요!"

몸 안에 아기를 품는 엄마와 달리 아빠는 아기가 있다는 것조차 실감하기 어려운 경우가 많습니다. 아기가 엄마 배 속에 있다는 것, 그곳에서 열심히 자라나는 중이라는 것을 몸소 깨닫기 위해서라도 배에 손을 대고 아기와 자주 이야기를 나누세요. 처음엔 어색해도 매일 배에 손을 대고 느끼다 보면 아기가 있다는 것이 실감 날 거예요.

"엄마는 종종 주변에서 느끼는 감촉이 어떤지 알려주곤 해요. 엄마가 그러는데, 촉감은 세상을 느끼는 방법이래요. 아빠가 피부로, 손끝으로 느끼는 세상은 어떤지 궁금해요!"

자극원이 많은 시각, 미각, 후각, 청각과 달리 촉각은 평소 의식하지 않는 경우가 허다합니다. 일상적인 모든 일이 촉각과 연결되어 있는데도 말이지요. 태아에게 촉각을 알려주면서 아내에게 점수도 딸 수 있는 일을 해볼까요? 바로 집안일입니다. 햇볕에 바싹 마른 빨래를 개키며 태아에게 기분 좋은 까슬까슬함을 전해주세요. 단단한 감자와 보들보들한 두부 등, 식재료가 어떤 느낌인지 설명하면서 아내에게 요리해주는 것도 좋습니다. 집안일이 여의치 않다면, 회사 업무를 볼 때 키보드를 달각거리는 느낌이 어떤지, 엄마 배를 쓰다듬을 때 어떤 느낌인지 등을 말해주세요. 아기가 귀 기울여 듣고 있을 거예요.

안아요

데굴데굴
털실이 굴러가요

냐옹이가
포실포실 털실을 안아요

아가가
뭉실뭉실 냐옹이를 안아요

엄마가
뽀송뽀송 아가를 안아요

지구가
푸근푸근 엄마를 안아요

우주가
둥실둥실 지구를 안아요

아빠가 엄마를 꼬옥 안고 읽어주세요.
엄마 아빠가 살짝 배에 손을 대고 읽으면 아기도 안겨 있는 기분을 느낄 거예요.

태
담,

한마디

우리 아기, 꼬~옥~!
무슨 소리냐고?
엄마 아빠의 사랑이 너를 보듬어 안는 소리란다.
할머니 할아버지께서 너를 안는 소리이기도 하고
이모와 삼촌이 너를 따뜻하게 감싸는 소리이기도 하지.
또 포근한 공기와 따사로운 햇살이 너를 감싸 안는 소리이고,
온 우주가 너를 두둥실 안는 소리이기도 하단다.
모두 네가 무럭무럭 건강하게 자라기를 바라고 있어.
느껴지니? 온 세상이 너를 축복하고 있다는 것이.
너는 이토록 환영받는 사랑의 결실이란다.

아빠 이야기를 들려주세요   Talk To Me Dad!

"아빠가 엄마 배에 손을 대고 꼭 안으면 나도 함께 아빠 품에 안긴답니다. 나를 꼭 안은 엄마, 엄마를 꼭 안은 아빠, 내가 느껴지나요? 나는 지금 엄마 아빠를 꼭 안고 있어요! 아빠가 엄마를 얼마나 아끼는지, 나를 얼마나 사랑하는지 전해주세요."

엄마의 감정은 태아에게 그대로 전달됩니다. 아빠가 사랑을 담아 엄마를 꼭 안으면 엄마의 행복감이 바로 아기에게 전달되고, 아빠를 더욱 친근하게 느끼게 됩니다. 배에 손을 얹은 채로 아기에게 얼마나 엄마를 아끼고 사랑하는지, 아기를 어떤 마음으로 바라보고 있는지 전해보세요.

"엄마가 움직이면 나를 담고 있는 물이 찰랑거리면서 흔들려서 기분 좋아져요. 엄마 몸을 가볍게 마사지해주세요. 흔들흔들 떠다니며 즐겁게 수영할게요."

임신 초기, 엄마는 입덧이 닥치며 불편함과 불안감을 느낄 수 있습니다. 이럴 때 곁에서 가장 큰 힘이 되어줘야 할 사람이 바로 아빠이지요. 속이 좋지 않아 힘들어할 때 부드럽게 아내의 등이나 배, 어깨를 마사지해주세요. 매일 시간을 정해놓고 튼살 크림을 발라주는 것도 좋습니다. 이런 짧은 피부 접촉만으로도 엄마는 물론 태아까지 안심할 수 있답니다.

바다가 내 손 안에

바닷물은 매끌매끌

모래알은 까끌까끌

조약돌은 미끌미끌

미역은 미끄덩미끄덩

불가사리는 꺼끌꺼끌

바다가 내 손 안에 있어요

 시에 나오는 촉감처럼 매끌거리거나 까끌한, 혹은 미끄덩한 사물이 곁에 있다면 촉감을 느끼면서 읽어 보세요. 두 손으로 물을 떠올려 차가운 감촉, 찰랑찰랑한 물의 느낌을 느낀 다음 읽어도 좋답니다.

태
담,

한마디

폭신폭신, 엄마가 만지는 쿠션이야.

매끌매끌, 이건 아빠가 만지는 사과 표면이지.

까끌까끌, 엄마가 느끼는 아빠의 수염 난 턱이란다.

보들보들, 아빠가 느끼는 엄마의 촉촉한 볼이야.

오돌토돌, 엄마가 쓸어본 타조가죽 지갑 느낌이지.

거칠거칠, 아빠가 쓸어본 보풀 일어난 옷 느낌이래.

우리 아가도 엄마 아빠와 함께 느끼고 있니?

세상에는 여러 가지 느낌의 사물이 있단다.

그리고 그 사물의 개수만큼 여러 가지 촉감을 느낄 수 있어.

자, 엄마와 함께 세상을 온몸으로 느껴보지 않을래?

아빠 이야기를 들려주세요

"나는 엄마를 온몸의 감각으로 느끼고 있어요. 찰랑이는 물, 부드럽게 닿는 탯줄, 입을 대고 빨면 몽글몽글한 느낌의 벽까지 말예요. 그런데 아빠 감촉은 어떤가요? 아빠 얼굴은 어떤 느낌인지, 아빠 팔다리는 어떤 감촉인지 알려주세요!"

엄마와 아빠의 몸은 다릅니다. 포근하고 보드라운 엄마의 몸과 달리 아빠는 까끌까끌한 수염이 있고 팔 근육은 단단하지요. 부부가 함께 서로의 몸을 터치하면서 어떤 느낌인지 아기에게 설명하는 시간을 가져보세요. 다정하게 어루만지는 순간 서로에게 느끼는 애정을 아기도 고스란히 느낄 수 있답니다.

"아빠가 곁에 있을 때 아빠의 움직임을 함께 느끼고 싶어요. 엄마와 함께 실뜨기나 공기처럼 움직이는 놀이를 해주세요! 밀가루 반죽을 함께 느끼거나 찰흙을 만지는 것도 재미있을 거예요."

촉각태교라고 하면 마사지나 배 쓰다듬기에 그치는 경우가 많습니다. 하지만 손끝 감각을 살리는 소근육 운동이나 손을 조물조물 움직이는 놀이 또한 촉각을 아기에게 생생하게 전달하는 훌륭한 촉각태교이지요. 놀이는 상대방이 있어야 훨씬 재미있어집니다. 엄마와 아빠가 함께 찰흙이나 밀가루 반죽, 컬러클레이 등을 만지작거리며 작은 소품을 만들어보세요. 털실을 길게 엮어 실뜨기를 하거나 조약돌로 공기놀이를 해도 좋아요. 이런 놀이는 손바닥과 손끝의 미세한 감각을 일깨워줍니다.

비 오는 날

비 오는 날
마당이 빗물로 찰랑찰랑

신발을 벗고
맨발로 마당을 뛰어요

질척질척
치덕치덕
몰캉몰캉

멍멍이도
마당을 뛰어요

질척질척
치덕치덕
몰캉몰캉

에그, 진흙투성이가 된
나와 멍멍이

맨발로 집안 구석구석을 돌아다니며 읽어
줍니다. 발바닥에 와 닿는 차가운 마루의
감촉, 폭신폭신한 러그의 감촉, 살짝 물기
가 남은 촉촉한 욕실 바닥의 감촉이 태아
에게도 전달될 거예요.

태
담,

한마디

예전에 엄마는 화나는 일, 우울한 일이 있으면 온종일 뚱하니 지냈단다.

지금도 울적하거나 속상한 일이 있으면 기분이 조금 처지기는 해.

하지만 조금 다르게 생각해보기로 했지.

어른은 비 오는 날 우산이 없으면 화를 내지만

순진무구한 아이는 "와~! 비가 오는구나!" 하고 외치며 첨벙대잖니.

엄마도 그렇게 순수한 아이처럼 매 순간 긍정적이 되도록 노력 중이야.

엄마 안에서 새록새록 커가는 네가

순수한 마음을 그대로 가지고 태어났으면 하는 바람이 있기 때문이지.

순수한 기쁨은 얼음 속에서도 꽃을 피우는 강인한 꽃씨란다.

네 안에 순수함이라는 꽃씨가 영글 수 있도록

엄마가 매일매일 마음을 다스리며 돌봐줄게.

아빠 이야기를 들려주세요

"아빠, 엄마 배 속의 물이 찰랑이는 때 중, 내가 제일 좋아하는 때가 언제인지 아세요? 바로 엄마가 깔깔 웃을 때랍니다. 엄마가 웃으면 몸이 부드럽게 풀리고 배 속까지 진동이 전해져서 나까지 기분이 좋아져요! 엄마에게 재미있는 이야기를 들려줘서 엄마를 자주 웃게 만들어주세요."

임신 기간, 태아와 태담을 나누는 것도 물론 중요하지만 그 전에 부부간에 소통하는 시간을 갖는 것이 우선이지요. 오늘은 태담보다 아내의 기분에 집중해보는 게 어떨까요. 여성에게 임신 기간은 행복한 시간이지만, 호르몬의 영향이나 신체적 변화 때문에 울적한 날도 꽤나 많습니다. 남편이 알고 있는 재미있는 이야기를 해보세요. 인터넷 사이트의 유머 페이지, 재미있는 사진 등을 함께 보는 것도 좋은 방법입니다. 배꼽을 잡고 깔깔 웃으면 엄마 아빠의 즐거운 마음과 자잘한 진동이 태아에게 전달되어 아기도 방긋 웃을지 몰라요!

"엄마 배 속 환경에 익숙해지면서 엄마에게 손을 내밀 때도 있고, 몸을 크게 틀다가 발로 미는 때도 생겼어요. 요즘은 아빠의 즐거운 목소리를 들으면 기운차게 움직이게 된답니다. 아빠도 엄마 배에 손을 대면 내 움직임이 느껴지나요? 내가 어떻게 움직이는지 알려주세요!"

태동은 17~20주 사이에 처음 감지하게 됩니다. 하지만 아직은 엄마만 느낄 수 있을 정도의 작은 움직임이지요. 아빠가 태아의 태동을 감지하는 시기는 20주 이후일 때가 많습니다. 태동이 아빠에게 미치는 영향은 지대합니다. 그동안 태담에 관심이 없다가도 태동을 느끼고 감동받아 태아와 대화를 시도하는 경우가 종종 있을 정도지요. 아내의 배에 손을 대고 아기에게 말을 걸어보세요. 아기가 어떻게 움직이는지, 아빠가 얼마나 아기를 사랑하는지 얘기하다 보면 아기가 힘차게 아빠의 말에 대답하는 때가 올 거예요.

여름 아이

땀 흘리고 집에 들어와
곧바로
훌러덩 벌러덩

마루에 누워 있으면
햇살이 간질간질
바람이 살랑살랑

나는야 여름 아이

 계절감이 느껴지는 동시입니다. 여름이 아닌
계절이라면 여름을 상상하며 읽어주세요.
동시를 읽은 다음 사계절에 대해 설명해주
는 것도 좋겠지요.

태
담,

한마디

엄마가 가장 좋아하는 계절은 봄이야.

파릇파릇 새싹이 돋고 하늘하늘 꽃이 피어나서

온 세상이 아름다운 색깔로 물들거든.

아빠가 가장 좋아하는 계절은 여름이라고 하는구나.

열정적인 태양이 온종일 내리쬐고

싱싱한 생명력이 흘러넘치는 활발한 계절이지.

할머니가 가장 좋아하는 계절은 가을이래.

들판에는 알알이 곡식이 여물고

과수원에는 과일이 달콤하게 익는 풍성한 계절이야.

할아버지가 가장 좋아하는 계절은 겨울이지.

하얗게 눈이 쌓인 달밤, 몰아치는 바람 소리를 들으며

따끈한 아랫목에서 이야기를 나누는 다정한 계절이란다.

우리 아기는 어떤 계절을 가장 좋아할까?

엄마에게만 살짝 귀띔해주겠니?

아빠 이야기를 들려주세요

"엄마가 그러는데. 봄은 살랑살랑 바람이 분대요. 여름은 따끔따끔한 햇볕이 내리쬐고요. 가을은 보들보들 황금 잔디가 깔리고 겨울에는 차갑지만 폭신한 눈이 내린대요. 지금은 어떤 계절이고 내가 태어날 계절은 어떤 계절인가요?"

바깥 활동을 자주 하는 아빠라면 계절 변화를 누구보다 빨리 체감할 수 있지요. 지금이 무슨 계절인지, 요즘 날씨는 어떤지, 바람이 부는지, 비나 눈이 오는지, 계절 변화에 대해 이야기해보세요. 그냥 전달만 하는 방식보다는 "창문을 열어두니 따뜻한 봄바람이 부네. 우리 아기도 느껴지니?"처럼 아기의 반응을 이끌어내는 대화법이 좋습니다. 아기가 태어날 계절에 대해서 얘기할 때는 조급한 느낌으로 빨리 나오라는 말은 삼갑니다. 엄마도 태아도 스트레스를 받을 수 있어요. 대신 그 계절이 어떤 계절인지, 어떤 점이 좋은지를 말하면 됩니다.

"엄마가 움직이면 나도 따라 흔들흔들 움직여요. 이제는 혼자 손가락도 빨고요, 볼을 엄마에게 가까이 대고 엄마 소리를 듣기도 한답니다. 아빠와도 함께 기분 좋게 흔들거리며 온몸으로 아빠의 감촉을 느끼고 싶어요. 엄마와 함께 잠시 간단한 춤을 추거나 산책해주세요. 엄마 안에서 흔들거리며 온몸으로 엄마 아빠를 느낄게요."

태아의 뇌는 임신 4~5개월에 많이 발달합니다. 이 시기는 엄마의 몸도 입덧에서 어느 정도 벗어나고 임신에 적응하는 때지요. 슬슬 임신부 체조를 시작할 무렵이기도 합니다. 감미로운 음악을 틀어놓고 잠깐 로맨틱한 댄스 타임을 가져보는 것은 어떨까요. 엄마로부터 전해지는 따뜻한 마음과 부드러운 양수의 흔들림에 아기도 만족할 겁니다. 집 밖을 산책하거나 함께 가벼운 맨손체조를 하는 것도 아기에게는 즐거운 경험이 되지요.

딱정벌레와 애벌레

저 앞에서 성큼성큼 걸어오는 딱정벌레
딱정벌레는 딱딱해
딱정벌레는 용맹할까?

아까부터 꼬물꼬물 기어오는 애벌레
애벌레는 흐물흐물해
애벌레야, 집에 언제 도착할래?

 정반대의 촉각에 집중해서 읽어주세요. 동시를 읽은 후, 세상에는 딱딱한 것과 흐물흐물한 것, 보드라운 것과 까끌까끌한 것처럼 정반대의 촉각이 있다는 것에 대해 아기에게 알려줍니다.

태
담,

한마디

아가야, 강한 사람이 되기 위해 딱딱한 철갑을 두를 필요는 없단다.

정말 강한 사람은 부드러운 마음을 가지고

주변을 사랑으로 돌보는 사람이니까.

정의로운 사람이 되기 위해 냉정하게 옳고 그름을 따질 필요도 없단다.

진정한 정의는 따스한 시선, 애정의 손길로만 이룰 수 있기 때문이야.

용감한 사람이 되기 위해 두려움을 모두 없애려 애쓰지 않아도 돼.

불의와 거대한 악에 두려움을 느끼면서도

그것을 뛰어넘으려 노력하는 그 과정을 바로 용감함이라 하니까 말이지.

강함에는 부드러움이, 정의에는 따스함이, 용감함에는 두려움이 필요하듯,

때로는 이렇게 생각과 정반대되는 속성이 필요한 일이 있단다.

아가야, 세상도 마찬가지란다. 정반대되는 것들투성이지.

사랑과 증오, 선함과 악함이 공존하고 있으니 말이다.

하지만 세상이 아름답지 않다고 느끼더라도 항상 그 이면을 바라보도록 노력하렴.

그 속에는 분명 사랑스러운 일들이 가득할 테니까.

아빠 이야기를 들려주세요

"고요한 시간이면 엄마가 생각하는 것들이 내게도 느껴진답니다. 아빠도 엄마 배에 손을 올리고 잠시 눈을 감아보세요. 아빠가 엄마를 얼마나 사랑하는지, 그리고 나를 얼마나 기다려왔는지 마음속으로 전해주세요. 아빠가 생각하는 것들이 내게도 그대로 전해질 거예요."

아기를 생각하며 엄마 아빠가 함께 명상하는 시간을 가져볼까요. 명상은 뇌파를 안정시켜 태아에게도 평온한 마음을 갖게 합니다. 특히 아기와 늘 함께하지 못하는 아빠에게 명상의 시간은 아기와의 유대감을 회복하는 시간이기도 하지요. 아빠가 많이 바빠 태담이 어렵다면 잠자기 전 5분간 배에 손을 대고 눈을 지그시 감은 채로 아기와 마음의 대화를 나눠보세요. 명상이 지속되면 아기가 아빠를 느끼며 태동하기도 합니다. 아내와 아기에 대한 사랑이 싹틀 수밖에 없겠지요?

"아빠는 내가 어떤 성격의 어떤 아이로 자라나길 바라나요? 아빠의 성격 중 닮았으면 하는 점, 엄마의 성격 중 본받아야 하는 점을 알려주세요!"

아이의 특성은 배 속에서 어느 정도 드러납니다. 활발한 아이도 있고 조용한 아이도 있지요. 하지만 성격의 세부적인 부분까지는 아직 미지의 영역입니다. 아기의 성격은 대체로 아빠와 엄마를 많이 닮지만, 배 속에 있을 때 주변 환경이 어땠느냐에 따라 달라지기도 합니다. 편안한 마음으로 아기가 아빠나 엄마를 닮았으면 하는 점을 말해보세요. 부부가 서로의 장점을 얘기해주어도 좋습니다. 마지막에 "우리 아기가 어떤 모습, 어떤 성격으로 태어나든 사랑할 테니 안심하렴!" 하고 마무리하는 것, 잊지 마시고요.

엄마 아빠의

실전 촉각태교

 **태교법 하나.** 양수의 흔들림, 운동과 리듬 터치

아기가 직접 촉각을 느낄 수 있는 순간은 언제일까요? 바로 임신 8주 이후 부부 관계를 할 때입니다. 임신 중 적당한 부부 관계는 양수를 부드럽게 흔들리게 해서 태아의 감각을 자극합니다. 양수의 출렁임이 태아의 피부를 자극해 부드러운 마사지 효과를 줄 수 있지요. 단, 임신 초기 착상이 되는 시점이나 유산의 징후가 보일 때는 부부 관계를 하는 것이 위험할 수 있으니 주의해야 합니다.

부부 관계가 아니더라도 양수가 부드럽게 흔들리도록 하는 방법은 여러 가지입니다. 임신 초기에는 가벼운 산책이나 허리 돌리기 같은 쉬운 운동이 좋아요. 이때는 이 정도로도 아기가 충분히 양수의 찰랑거림을 느낄 수 있습니다. 임신 중기로 접어들면 움직임이 적은 춤 동작을 따라 하거나 수영을 배우는 것이 좋습니다. 이 또한 양수의 흔들림을 유발해 태아의 피부를 자극할 수 있습니다.

태동은 일반적으로 16~20주 정도에 처음 느끼게 됩니다. 특히 태동이 많아지는 건 17주 정도인데, 이미 촉각이 발달한 태아가 양수에 적응하며 즐겁게 노닐다 보니 태동이 느껴지는 거랍니다. 이 시기에 엄마가 부드럽게 배를 쓰다듬는 동작은 아기를 안심하게 만듭니다.

태동이 확실하게 느껴지는 17주 이후에는 배를 '통, 통, 통' 하고 주기적으로 두드리다가 '통통, 통토도동' 하고 재미있는 리듬감을 주어 가볍게 두드려보세요. 아기가 엄마 배를 툭툭 차거나 팔다리를 움직이며 반응을 보일 겁니다. 외부 자극을 인식하고 기분이 좋다는 것을 표현하는 것이죠.

자궁 근육을 긴장시키는 케겔운동(숨을 들이마쉬고 질 주위를 10초 동안 수축한 다음 천천히 이완하는 운동) 역시 태아의 피부를 자극해 태동을 유발할 수 있습니다.

 둘. 엄마 아빠와 공유하는 촉각

태아는 손가락을 빨면서, 또는 엄마의 자궁과 탯줄의 감촉을 느끼면서 촉각을 발달시킵니다. 이렇게 태아가 직접적으로 촉각을 느끼기도 하지만 엄마가 촉각을 아기에게 전달할 수도 있지요. 엄마가 여러 가지 촉감의 물건을 만지면서 어떤 느낌인지 얘기해주는 것도 아기에겐 좋은 자극이 됩니다. 까끌거리는 돌이나 부드러운 천, 매끈한 그릇, 오돌토돌한 벽지 등 주변에 보이는 모든 사물이 아기에겐 새롭고 신선한 자극이 될 수 있으니까요. 손끝에 느껴지는 감촉에 집중해보세요. 그리고 아기에게 전달하듯 이야기합니다. 이때 '보들보들', '맨들맨들', '울퉁불퉁'처럼 운율이 살아 있는 말로 전하면 아기가 더 즐겁게 받아들이겠지요?

아빠와 촉각을 공유하는 방법도 있습니다. 엄마 대신 아빠가 배에 손을 대거나 쓰다듬으며 이런저런 말을 거는 겁니다. 살짝 간질이며 장난스런 말을 건네거나, 통통 두드리며 재미있는 목소리를 낸다거나, 천천히 쓰다듬으며 사랑한다고 말해주세요. 아기는 아빠의 목소리와 피부 감각을 함께 느끼며 더욱 건강하게 자랄 겁니다.

셋. 엄마 아빠의 보드라운 손길

앞서 설명했듯 촉각은 제일 먼저 발달하는 감각입니다. 피부는 제2의 뇌이기도 하지요. 이 사실이 태아에게만 해당하는 것일까요? 인간은 기본적으로 닿고, 손잡고, 안고, 가볍게 마사지하는 행위를 사랑의 연장선상에 놓지요. 인간뿐만 아니라 많은 포유류가 마음을 놓은 상대에게는 서로 간의 터치를 허락합니다. 서로를 부드럽게 만지고 안는 것처럼 마음 놓이게 하는 것도 없습니다. 실제로 미숙아를 엄마가 자주 안아주고 마사지하는 등 피부와 피부를 자주 접했더니 면역력이 강화되고 정서적으로 안정되었다는 보고도 있습니다. 스킨십은 단순한 접촉을 넘어서 감정의 깊숙한 곳까지 어루만지는 치료적인 행위라는 뜻이지요.

스킨십의 위력은 부부간에도 발휘됩니다. 노련한 상담가는 부부가 함께 걸어가는 모습만 봐도 그 사이를 정확하게 판단한다고 합니다. 가까이 붙어서 걷고 서로의 몸을 자유자재로 넘나들며 터치하는 부부는 그렇지 않은 부부에 비해 사이가 좋답니다. 그리고 그런 부부가 꾸린 가정은 다른 가정보다 화목할 확률이 높다고 하네요.

　　남성은 스킨십과 터치에 익숙하지 않은 편이지만, 몇 번의 어색함만 떨쳐내면 금세 익숙해집니다. 임신 기간은 그 어색함을 떨쳐내고 부부가 사랑으로 하나가 될 수 있는 좋은 시기이기도 하지요. 임신 기간 내내 소소한 스킨십을 거듭해보세요. 어느새 애정도가 상승하고 서로를 위하는 마음이 더 커지며, 아기에 대한 애착심이 높아진 것을 느낄 수 있을 겁니다. 물론 태아도 배 속에서 부모의 온화하고 따뜻한 터치를 느끼며 마음 편히 자랄 수 있겠지요. 스킨십에 익숙해지는 구체적인 방법을 알아볼까요?

❀ 함께 있을 때는 늘 기대거나 접촉하기

스킨십은 평상시에 자연스럽게 이루어지는 것이 가장 좋습니다. 만약 지금까지 스킨십이나 터치가 적었다면 조금씩 기회를 늘려보세요. 밤에 잠자리에 들기 전이나 아침에 출근할 때 볼에 키스하거나 가볍게 포옹하는 습관도 좋습니다. 부부가 함께 있을 때는 서로의 곁에 기대거나 손을 잡는 등 언제든 접촉하고, 손가락 하나라도 대고 있는 것이 좋겠지요. 아내의 배에 손을 대고 아기와 대화하는 시간은 태아에게도 의미 있지만, 부부간의 정을 강화하는 데도 효과적입니다.

　　그렇다고 스킨십을 해야 한다는 강박관념을 가질 필요는 없습니다. 서로 가능한 선에서 자연스럽게 터치하세요. 부부간의 따뜻하고 편안한 분위기가 태아에게 전달될 테니까요.

❋ 엄마와 태아를 위한 마사지 타임

임신 이후 몸무게가 늘기 시작하면 피부가 트곤 하지요. 요즘은 이를 방지하는 튼살 크림이 많이 출시되고 있습니다. 튼살 크림은 하루에도 여러 번 배와 허벅지, 가슴에 펴 바르는데, 이때 남편이 발라주면 자연스럽게 마사지 타임을 가질 수 있습니다. 짧은 시간이라도 이렇게 매일 마사지하며 부부간의 스킨십을 늘리세요. 엄마의 피부 자극이 태아에게도 전달되어 뇌 발달에 도움을 줍니다.

임신하면 건강한 여성이라도 갑자기 손발이 저리거나 시큰거리고 배가 뭉치며 어깨가 결리는 등, 여러 불편감을 호소합니다. 아내가 가벼운 불편감을 느낀다면 편안한 자세를 취하도록 한 다음 부드럽게 마사지하거나 결리는 곳을 주물러주세요. 임신부는 힘들 때 이런 고통을 본인 혼자서만 겪는다는 생각에 우울해합니다. 이런 생각이 들지 않도록 배려하는 자세가 필요하겠지요.

태교법 넷. 소근육을 움직이는 종이접기와 손바느질

교구를 이용한 태교는 손가락 근육을 다양하게 활용하고 미세한 손끝 신경까지 자극할 수 있으므로 태아의 감각 발달에 더욱 효과적입니다. 임신부의 집중력을 향상시키고 태아의 두뇌에 기분 좋은 자극을 주기도 하지요.

❋ 언제든 가볍게 즐기는 종이접기

종이접기는 저렴한 비용으로 언제 어디서나 쉽게 할 수 있다는 장점이 있습니다. 종이를 접는 방법도 여러 가지여서 손바닥과 손가락, 손톱, 손목까지 다양한 부위의 근육을 쓰게 됩니다. 양손의 움직임과 자극 정도가 비슷하고 손가락의 민첩성과 적당한 힘 조절이 요구되기 때문에 태아의 균형 있는 두뇌 발달을 기대할 수 있어요. 또한 쉬운 듯 복잡한 종이접기 과정에서 논리력을, 예쁜 꽃과 동물로 변해가는 모습에서 창의력을 더욱 키울 수도 있지요.

그렇다고 꼭 어려운 것을 접을 필요는 없습니다. 누구나 아는 간단한 종이배부터 종이비행기, 종이학을 접는 것 또한 소근육 발달 측면에서 보자면 동일한 효과가 있으니까요. 색종이가 없다면 A4용지나 전단지 등을 이용해 부담 없이 접어보세요.

✸ 쉽게 즐기는 손바느질

임신하고 여러 아기 용품을 둘러보다 보면 아기 배냇저고리 하나, 손싸개나 발싸개 하나 정도는 만들어주고 싶은 마음이 생기지요. 하지만 바느질에 문외한인 엄마라면 직접 원단을 끊고 만들 엄두가 나지 않을 거예요. 요즘은 태교 바느질 키트가 판매되고 있으니 초보라면 키트를 사서 만드는 것도 좋답니다. 손바느질은 엄마의 마음을 차분하게 가라앉히고 집중력을 높여줍니다. 미세한 손끝 움직임이 많아 소근육 발달에도 도움이 되지요. 조선시대 왕실에서는 태교의 일환으로 바느질을 권장했다고 합니다. 손바느질은 유서 깊은 태교법인 셈이지요.

PART. 2

味覺

미각
태교

미각,

양수의 맛까지 파악하는 민감한 감각

태아의 미각은 언제 어떻게 발달할까요?

미각은 아기가 태어날 때 거의 완전하게 발달되어 있는 기본 감각입니다. 태아의 미각 세포는 성인보다 두세 배 더 많고 입안 전체에 퍼져 있기 때문에 맛을 구분하는 능력이 아주 뛰어나답니다.

그렇다면 태아의 미각은 어떻게 발달하는 것일까요? 우리가 음식을 먹으면 음식 안의 다양한 성분과 물질이 혀에 있는 맛봉오리(미뢰)를 지나며 자극합니다. 이 자극을 통해 쓴맛, 단맛, 신맛, 짠맛을 구분하게 되지요. 태아의 맛봉오리는 수정 후 8주가 지났 을 때 처음 출현하는데, 주로 혀 표면의 돌기에 분포합니다. 13주가 되면 맛봉오리가 입 안 전체로 퍼져 성숙하기 시작합니다. 태아가 바깥 세상으로 나온 후에도 맛봉오리의 수는 계속 늘어납니다.

태아의 미각은 임신 12주 즈음 양수를 삼키기 시작하며 발달하는데, 24~27주쯤이면 쓴맛과 단맛을 구별할 수 있을 정도로 발달합니다. 이때는 마치 '달면 삼키고 쓰면 뱉는다.'라는 속담처럼 양수도 달면 삼키고 쓰면 뱉는 모습을 보이지요. 엄마의 양수에는 맛을 느끼는 세포를 자극하는 화학물질이 많이 있습니다. 과당, 포도당 등의 단맛이 나는 당 종류, 구연산 같은 산류나 나트륨 등이 포함돼 있는데, 이 성분은 엄마의 식사와 태아의 소변에 의해서 수시로 바뀝니다. 맛 또한 수시로 변하므로 태아는 늘 새로운 맛을 느끼는 셈이지요.

태어나기 직전인 9개월에는 맛에 대해 좋고 싫은 감정을 나타낼 수 있을 정도로 정교하게 발달합니다.

태아의 미각이 발달할 때 엄마가 지켜야 할 수칙

태아가 미각을 처음 느끼는 3개월 무렵에 엄마는 입덧이 더욱 심해집니다. 아직 배가 부르진 않았지만 치골 위에 살짝 손을 대보면 자궁의 크기가 커진 것을 알 수 있을 정도지요.

이 시기, 아기는 머리와 몸통, 팔다리의 구별이 확실해지면서 약 8cm까지 자라게 됩니다. 한 달 전보다 약 두 배 더 자란 것인데, 주먹만큼 커진 자궁이 방광을 압박하여 빈뇨나 변비가 발생하기 쉽지요. 늘어난 체중으로 다리도 살짝 저리고 땅기기 시작합니다.

임신 호르몬이 활발하게 분비되는 시기이므로 여드름과 같은 피부 트러블이 생길 수 있고, 질 분비물도 조금씩 늘어나게 됩니다. 이때 주목해야 할 점은 생리 전 증상과 비슷한 불안, 짜증 등의 감정 기복이 심해진다는 것입니다. 산모들이 쉽게 지치고 예민해지는 시기이므로 가족들의 이해와 배려가 더욱 필요한 때입니다. 또한 아직 유산의 위험이 있으므로 무리한 야외 활동이나 움직임이 많은 운동은 절대적으로 금해야 합니다.

신체 기관이 형성되는 시기이므로 엽산을 섭취해 아기의 신경계 기형을 방지하고 (1일 400μg으로 일반 여성의 2배가량, p.21 참조) 충분한 영양 공급으로 아기가 균형 있게 자랄 수 있도록 해야 합니다. 입덧이 심하다면 빈속에 탈수가 올 수 있으므로 조금씩이라도 수분을 공급하고 입에 맞는 것이 있다면 아주 소량이라도 삼키는 것이 엄마와 아기 모두를 위하는 방법입니다.

태아가 쓴맛과 단맛을 느끼기 시작하는 7~8개월이면 아기는 거의 다 자랍니다. 뇌는 물론 관절과 근육이 발달하여 움직임이 더 왕성해지지요. 엄마 아빠와 대화도 가능해지기 때문에 맛에 대한 느낌이나 다양한 질감의 식재료를 만져보면서 그 맛과 촉감을 아기에게 얘기해줄 수도 있습니다. 8개월이면 태아의 몸을 감싸고 있는 흰 부착물, 즉 태지도 서서히 생기기 시작합니다. 참고로 태지는 양수에 잠겨 있는 태아의 피부 손상을 막고, 출산할 때 아기가 쉽게 빠져나오도록 돕는 물질입니다.

맛에 대한 좋고 싫음을 표현할 수 있는 9개월에는 거의 완전한 태아의 모습을 갖추고 있고 손발톱이 생기기 시작하지요. 엄마는 더욱 커진 자궁 때문에 가슴이 답답하고 호흡이 힘들어질 수 있습니다. 하지 부종, 요통과 어깨 결림도 심해지고 종종 배가 뭉치고 단단해지는 것을 경험하게 됩니다.

7~9개월에는 조기 진통이 자주 발생하고 조기 양막 파열이나 조산 등의 위험이 있으니 조금이라도 몸 상태가 달라지거나 새로 발견된 증상이 있다면 반드시 주치의와

상담하세요. 또한 이 시기에는 뼈에 저장된 칼슘을 태아에게 빼앗겨 골밀도가 감소할 우려가 있으므로 칼슘제를 복용하는 것도 좋습니다. 오메가3를 함께 섭취하면 오메가 3의 DHA 성분이 태아의 두뇌 발달을, EPA 성분이 산모의 혈액 순환을 도울 수 있습니다. 오메가3가 많이 함유된 식품으로는 일반적으로 많이 알려진 등 푸른 생선 외에 호두, 시금치, 아보카도도 있으니 상황에 맞게 챙겨 드세요.

배 속에서의 입맛이 평생 식습관을 좌우합니다

태아에게 미각이 처음 느껴지는 순간은 앞서 말한 것과 같이 임신 12주, 양수를 삼킬 때입니다. 양수의 맛과 성분은 엄마의 식사와 태아의 소변에 의해 수시로 바뀌는데, 이때 달라진 양수가 아기의 미각 신경로를 자극하지요. 엄마의 식사는 태아에게 영양을 공급한다는 측면에서도 중요하지만, 아기가 맛을 보고 뱉고 삼키며 직접 미각을 경험하는 환경을 만들어준다는 측면에서도 중요합니다. 이런 과정을 통해 아기는 좋고 싫음을 느끼는 감정이 발달하고, 정서적 안정감도 더불어 발달합니다.

　미각태교, 즉 음식 태교는 엄마의 건강과 아기의 성장 발육을 돕는다는 점에서 굉장히 중요합니다. 또한 음식 섭취로 엄마가 느끼는 감정을 아기가 그대로 느낀다는 점에서 정서 함양에도 지대한 영향을 미칩니다. 우울할 때 맛있는 음식을 먹으면 기분이 나아진다거나, 좋아하는 음식을 생각하는 것만으로도 얼굴에 미소가 번지는 경험을 해보지 않았나요? 맛있는 음식을 먹고 엄마 기분이 좋아졌다면 아기도 밝고 긍정적인 마음을 갖게 될 것입니다.

　미각태교의 기본은 마음가짐이라 할 수 있습니다. 행복한 마음으로 맛있게 먹되,

균형 있는 식단으로 영양분을 충분히 공급하고, 다양한 음식을 섭취해 아기가 '맛의 즐거움'을 경험하도록 해주세요. 하지만 한 가지 명심해야 할 것은 좋아한다고 해서 인스턴트나 자극적인 음식을 즐겨 먹어서는 안 된다는 점입니다. 가끔 기분 전환으로 섭취할수는 있지만, 그런 음식을 자주 먹으면 태아의 성장을 방해하는 것은 물론, 산모의 출산 후 회복도 더디게 합니다.

태어난 후 아기의 식습관과 음식 기호 역시 태아기의 경험을 그대로 가져가는 경우가 많습니다. 엄마 배 속에서 알코올을 경험한 아기는 나중에 성장해서도 알코올을 좋아한다는 연구 결과가 있을 정도입니다. 자극이 강한 인스턴트식품을 자주 접한 아기라면 나중에 커서까지 이런 음식을 선호하다가 건강을 해칠 수 있습니다.

이처럼 임신부의 음식 섭취는 태아의 성장·발육은 물론, 태어난 후 선호하는 음식에까지 영향을 미칠 수 있으므로 섭취 방법과 음식 종류를 꼼꼼히 따져보는 것이 좋습니다. 적당한 양의 음식을 골고루 잘 먹는다면 태아의 성장을 도모할 수 있고 아기가 태어난 후 편식도 예방할 수 있지요.

본인이 좋아하는 음식이나 식습관을 떠올려보세요. 친정 어머니와 닮은 부분을 찾아볼 수 있을 거예요.

"우리 엄마가 날 가졌을 때 이런 것들을 좋아하셨구나~!"

이렇게 생각하면 슬그머니 웃음 나지 않나요?

뇌 발달에 좋은 세 가지 영양소

태아의 뇌 신경 세포가 발달하려면 산모가 3대 영양소, 즉 단백질과 탄수화물, 지방을 골고루 섭취해야 합니다. 체중에 신경이 쓰인다고요? '양'보다 '질'에 집중하면 살찔 염려 없으니 안심해도 됩니다. 엄마는 태아에게 신선한 음식, 생생한 영양소를 전달할 의무가 있다는 것을 잊지 말아주세요.

생후 초기에 신경 전달 물질의 원료가 되는 단백질이 부족하면 뇌세포 수가 점차 감소하고 뇌의 성장이 원활하지 않게 됩니다. 따라서 임신 초기부터 꾸준히 단백질을 보충해야 하는데 우유나 치즈, 달걀과 같은 유제품과 콩, 두부, 생선이 대표적인 단백질 식품입니다.

탄수화물은 뇌세포를 움직이는 유일한 에너지원입니다. 뇌세포의 운동량을 늘리고 활발히 활동하게 하려면 탄수화물의 적절한 공급이 필수적이지요. 아침 식사를 해야 두뇌 회전이 빠르다거나, 아침을 챙겨 먹는 아이들이 공부를 잘한다거나 하는 얘기와도 일맥상통하는 부분입니다. 대표적인 탄수화물 음식으로는 쌀, 보리, 밀과 같은 곡식이 있습니다. 참고로 곡류는 되도록 잡곡으로 섭취하는 것이 좋습니다. 백미는 혈당을 급격히 올리고 비만을 불러올 수 있으며, 크게 보았을 때 임신성당뇨나 임신중독증을 야기할 수 있습니다.

뇌세포를 보호하는 세포막과 소기관 형성에 결정적인 역할을 하는 지방은 인체의 모든 장기 중 뇌세포에 가장 많이 포함되어 있습니다. 각종 식물성 및 동물성 기름, 버터 등이 지방군에 해당됩니다. 불포화 지방산의 한 종류인 DHA는 뇌 조직의 구성 성분으로, 두뇌와 학습 능력에 관여하는 영양소입니다. 체내에서 합성되지 않는 성분이라 반드시 음식물로 섭취해야 하는 필수 지방산인데, 참치나 고등어, 방어, 연어, 가자미 등에 많이 들어 있습니다.

생선에 수은이 많이 함유되어 있다고 꺼리는 임신부가 많습니다. 실제로 미국 식품의약국(FDA)에서는 임신을 앞두고 있거나 임산부일 경우 상어, 황새치, 삼치, 옥돔 등 수은 함유량이 높은 네 가지 어류는 일주일에 340g 이상 섭취하지 않도록 권장하고 있습니다. 그러나 자주 많은 분량을 섭취하는 것이 아니라면 안심해도 되는 수치이니 걱정 말고 섭취하세요.

성격과 식습관을 결정하는 영양소

태아의 발달에 관여하는 영양소는 수도 없이 많으므로 어느 음식 하나 소홀히 할 수 없습니다. 이번에는 조금 더 구체적으로 살펴보도록 할까요?

두뇌가 자라는 데는 앞서 설명한 3대 영양소의 도움이 필수적이지만, 기억력을 높이고 차분한 성격을 갖추는 데는 비타민B군의 조력이 반드시 필요합니다. 또한 두뇌의 노폐물을 제거하는 비타민A·C·E도 두뇌 건강을 위한 필수 영양 성분이지요. 비타민B군은 달걀, 곡류, 굴, 녹황색 채소에 골고루 들어 있으며, 비타민A·C·E는 각종 과일과 녹황색 채소를 통해 쉽게 섭취할 수 있습니다.

커피, 완전히 끊어야 할까요?

많은 임신부가 고민하는 기호 식품(?)이 바로 커피입니다. 커피는 임신 중 하루 2~3잔(카페인 함량 1잔 70mg 기준) 정도는 괜찮습니다. 실제로 커피가 문제되는 것은 카페인 때문이지 커피 자체 때문이 아닙니다. 오히려 커피가 아닌 다른 카페인 함유 음식이 더 위험할 수도 있어요. 예를 들어 콜라, 홍차, 녹차, 초콜릿 등에도 카페인이 들어 있으므로 섭취할 때 반드시 카페인 함유량을 확인해야 합니다. 임신부가 하루에 섭취할 수 있는 카페인 총량은 약 200mg 정도입니다.

태아의 두뇌 발달과 함께 중요하게 챙겨야 할 것이 GI(Glycemic Index)입니다. GI란 당지수를 뜻하는데, 음식을 섭취했을 때 그 음식이 얼마나 빨리 포도당으로 전환돼 혈당 농도를 높이는지 숫자로 나타낸 것입니다. GI가 높은 음식은 포도당 전환이 빨라 비만과 당뇨를 일으키기 때문에 되도록 GI가 낮은 음식을 섭취하는 것이 좋습니다.

호주에서 실시한 연구 결과에 따르면 GI가 낮은 음식으로 식사한 산모의 아기는 GI가 높은 음식을 섭취한 산모의 아기에 비해 평균 체중이 3.1% 가벼웠다고 합니다. 또한 아기가 성장해서 비만이나 만성질환에 걸릴 위험성도 낮은 것으로 조사됐습니다. 엄마가 먹는 음식이 엄마 몸은 물론 아기의 식습관을 결정짓는다는 얘기입니다.

가열한 음식의 GI가 그렇지 않은 음식보다 높으므로 삶은 고구마보다는 생고구마를, 시럽 등을 첨가한 과일 주스보다는 과일 그대로를 먹는 것이 산모와 아기에게 도움이 됩니다. 과일 중에는 키위나 골드키위, 토마토 등이 좋고, 식이섬유가 풍부한 해조류나 채소, 견과류 등이 GI가 낮은 대표적인 식품입니다.

내가 좋아하는 맛

아빠가 좋아하는 맛은
해물탕의 얼큰한 맛

엄마가 좋아하는 맛은
커피의 쓴맛

고양이가 좋아하는 맛은
생선의 비릿한 맛

내가 좋아하는 맛은
사탕의 달콤한 맛

 단맛은 생존과 직결되는 맛이며 태아가 좋아하는 맛이기도 합니다. 하지만 세상에는 단맛 말고도 여러 가지 맛이 존재하지요. 동시를 읽으며 아기에게 여러 가지 맛을 전해주세요.

태
담,
한마디

오늘은 네가 생기기 전의 아빠와 엄마 이야기를 해줄게.

아빠와 엄마가 처음 만났을 때, 서로에 대한 호감은 있었지만

이렇게 부부의 연을 맺을 거라고는 생각지 못했단다.

하지만 날을 거듭하며 아빠와 엄마는 서서히 서로에게 빠져갔지.

처음 사랑을 말하던 날, 엄마는 뭉게구름 위를 걷는 기분이었어.

온 세상이 폭신폭신한 분홍색으로 변했고 무엇보다도 달콤했단다.

물론 사랑에 이르기까지 때로는 쓰기도 하고 매울 때도 있었어.

하지만 기본 바탕은 언제나 폭신하고 달콤한 맛,

분홍색 솜사탕 같은 맛이었단다.

지금까지도 아빠 엄마의 사랑은 달콤한 솜사탕이야.

우리 아기도 아빠와 엄마의 달콤한 사랑을 느끼고 있니?

아빠 이야기를 들려주세요

"요즘 엄마는 새콤한 과일이 좋대요. 나는 달콤한 맛이 제일 좋답니다. 아빠는 어떤 맛을 가장 좋아하나요? 아빠가 좋아하는 음식이 뭔지, 어떤 맛이 나는지, 어떨 때 먹으면 좋은지 말해주세요. 나도 언젠가는 아빠와 함께 아빠가 좋아하는 음식을 맛보고 싶어요."

임신 초기, 아내가 입덧을 시작하면서 음식 냄새조차 싫어할 때가 있습니다. 이때는 남편이 먼저 아내를 배려해야 합니다. 아내가 괴로워하는데 냄새가 심한 음식을 굳이 집에서 저녁 식사로 하거나, 회식 자리의 술과 담배 냄새를 그대로 뒤집어쓰고 오는 일은 삼가세요. 먹고 싶은 음식이 있는데 아내와 함께할 수 없다면 아내가 없는 자리에서 따로 즐기는 게 좋습니다. 그래도 충족이 되지 않는다면 좋아하는 음식에 대해서 태아와 이야기를 나눠보는 게 어떨까요. 태담을 나누며 입덧이 끝난 후 엄마, 아기와 함께 먹자고 미리 예약해두는 거지요. 입덧으로 예민해진 아내도 이 정도는 기분 나쁘지 않게 받아들일 겁니다.

"아빠, 엄마가 끼니를 거르면 나도 배가 고파져요. 엄마가 밥을 잘 못 먹는 것 같으면 아빠가 식사를 챙겨주세요. 아빠와 엄마가 함께 식탁에서 밥을 먹으며 도란도란 나누는 이야기를 나도 함께 식사하면서 들을게요."

임신 기간, 엄마가 식사를 하지 않아도 아기는 엄마의 영양소를 받기 때문에 괜찮다고들 합니다. 하지만 엄마가 공복이 되어 혈액 중의 포도당이 줄고 영양 공급 상태가 나빠지면 아기의 뇌가 그것을 감지하고 불쾌감을 느낍니다. 반대로 엄마의 체내 영양 상태가 좋아지면 아기도 포만감을 느끼지요. 아내가 몸이 나른해 식사를 준비하는 것조차 벅차한다면 남편이 나서서 식탁을 차려주세요. 아내의 배에 손을 대고 어떤 음식을 먹고 있는지 아기에게 설명까지 한다면 금상첨화겠지요.

총각김치

푸른 싹 돋아난 총각무
아사삭 베어 무니
아, 시원해

매콤한 고춧가루
짭조름 소금
달콤한 설탕에
버무리면

시원하고
맵고
짜고
달콤한
총각김치 되지요

 서구화된 요즘 식탁에서도 당당히 한자리를 차지하는 김치. 아기에게도 우리 고유의 맛에 대해 알려줄까요?

태
담,

한마디

아드득아드득! 뽀득뽀득! 바삭바삭!

엄마가 맛있는 음식을 먹는 소리란다.

요즘 엄마는 입덧을 이겨내고 음식 탐험에 나선 참이야.

그동안 음식은 냄새조차 맡기 싫고 자꾸 속이 울렁거리더니

엊그제부터는 거짓말처럼 입덧이 사라졌지 뭐니.

그동안은 음식의 맛도 잘 모르고 의무적으로 먹어왔지만

지금은 감사하게도 여러 가지 맛을 다양하게 즐길 수 있단다.

우리 아기도 힘들었지?

이제 엄마가 하나하나 음미하면서 맛볼 테니,

우리 아기도 맛있는 음식이 주는 기쁨을 느껴보렴.

아차차, 과식은 금물이지!

아빠 이야기를 들려주세요

"엄마가 맛있는 음식을 먹으면 맛과 함께 엄마의 감정도 스며든답니다. 엄마가 행복한 마음으로 먹으면 나도 같이 행복해지지요. 아빠, 엄마가 먹고 싶어 하는 걸 먹게 해주세요. 엄마가 맛있게 먹을 때 내 배에 손을 대고 엄마가 얼마나 행복해하는지 살짝 얘기해줄래요?"

입덧이 지나고 입맛이 돌아오면 그동안 먹지 못한 만큼 식욕이 당겨 이것저것 먹고 싶어지지요. 그럴 때는 먹고 싶다는 것을 거절하지 말고 사주도록 하세요. 이 시기는 체중 관리가 무엇보다 중요하지만, 더욱 중요한 것은 임신부의 감정 상태입니다. 먹고 싶어 하는 것을 사주되, 하나하나 천천히 음미하도록 곁에서 도와주세요. 아내에게 상처를 주는 행동은 삼가야 합니다. 아내와 함께 담소를 나누며 천천히 먹으면 스트레스도 받지 않고 체중도 적절히 조절되니 굳이 상처 줄 필요는 없겠지요.

"아빠가 잊지 못하는 음식에는 어떤 것이 있어요? 소박한 상이지만 산해진미보다 맛있었던 기억이 있나요? 엄마가 그러는데, 맛이라는 건 단순히 혀에서만 느끼는 게 아니라 마음으로 함께 느끼는 거래요. 그래서 엄마는 외할머니가 생일날 아침에 끓여주었던 미역국이 제일 맛있었대요. 아빠에게 그런 음식은 무엇인가요? 알고 싶어요!"

음식은 참 독특한 성질을 갖고 있습니다. 사람과 사람의 정을 잇는 도구가 되기도 하고, 슬픔을 떨치는 힘이 되기도 하지요. 우리네 어머니들은 매일의 상차림을 통해 사랑을 전했고, 아버지들은 특별 간식을 사 오는 걸로 사랑을 표시하곤 했습니다. 부모님의 따스한 사랑을 느꼈던 식탁, 친구나 선후배의 정이 담긴 음식을 접한 기억이 있다면 아기에게 살짝 고백해보세요. 아기도 아빠와 감정을 공유하며 따스한 마음을 느낄 테니까요.

감기 알약

감기 걸린 날
두꺼운 이불 덮고 끙끙

엄마가 이마 짚어주고
물과 함께 준 알약 하나

아이, 써
인상 쓰고 한숨 잤더니
열이 내려갔다

쓴맛은
건강한 맛인가?

인생의 쓴맛마저 즐길 수 있는 나이가 되면 다 큰 거라고들 하지요.
우리 아기에게도 살짝 얘기해줄까요?
삶에는 단맛만 있는 게 아니라고, 가끔은 입에 쓴 약이 몸에는 좋다고 말이지요!

태
담,

한마디

아가야, 단맛만 있는 세계는 과연 행복할까?

달콤함은 행복하고 즐거운 맛이지만,

넘치는 달콤함은 사람을 태만하고 게으르게 만든단다.

그래서일까? 세상에는 쓴맛, 신맛, 짠맛이 골고루 있고,

삶에는 즐거움, 슬픔, 힘듦, 기쁨이 골고루 있지.

하지만 아가, 겁먹지 말렴.

슬프고 힘든 일을 견뎌내기란 여간 어려운 게 아니지만,

이런 일은 결국 너를 속 깊고 강인한 사람으로 키워줄 테니까.

그리고 늘 기억해두기를.

네가 힘들 때마다 엄마와 아빠가 네 곁에 있다는 사실을.

네가 어디에서 무엇을 하든,

엄마와 아빠는 항상 너를 사랑하고 응원할 거란다!

아빠 이야기를 들려주세요

"엄마 배 속에서 자라는 건 매일매일 새로운 경험이에요. 아빠 엄마와 함께해서 늘 행복하지만 가끔 엄마가 아프거나 불안해하면 나도 함께 불안정해지지요. 그럴 때마다 아빠가 곁에서 위로하고 응원해줄래요? 내가 태어날 때, 그리고 태어난 이후 힘든 일을 겪을 때, 아빠가 해주고 싶은 말이 있다면 지금 해주세요!"

엄마도 그렇지만 아기에게도 출산이란 큰 도전입니다. 특히 엄마의 골반을 돌면서 통과하는 것은 보통 힘든 일이 아니지요. 이럴 때 아기에게 무슨 이야기로 힘을 주고 싶나요? 실제 출산 과정에서는 아빠가 말을 걸기 어려우니, 미리 응원의 말을 전달해보세요. 이참에 아기가 태어난 이후 삶의 굴곡을 겪을 때 힘이 될 말도 함께 전하는 건 어떨까요. 아기에게는 아빠의 한마디가 큰 정신적 자산이 되니 차근차근 아기에게 진심을 담아 얘기하길 바랍니다.

"엄마가 맛있는 음식을 먹을 때면 입만이 아니라 눈과 코가 함께 열리는 기분이에요. 맛있는 음식은 먹음직스러운 모양과 향기로운 냄새로 먼저 알 수 있답니다. 아빠, 엄마에게 맛있는 것을 챙겨줄 때는 예쁜 모양을 눈으로 즐기고 향긋한 냄새를 마음껏 맡을 수 있도록 해주세요."

옛사람들은 임신부에게 늘 모양이 찌그러지지 않고 예쁜 것만 먹도록 했지요? 지금의 태교법은 그때와 사뭇 다르지만, 임신부를 챙기는 마음만큼은 변하지 않았습니다. 아내가 먹는 음식은 되도록 예쁜 그릇에 담아주고, 개중 가장 모양이 예쁜 것으로 골라주세요. 이런 일상적인 작은 노력이 아내와의 관계를 돈독히 합니다. 참고로 미각은 시각, 후각과도 밀접한 감각입니다. 음식을 먹는다는 것은 여러 감각을 동시에 충족시키는 복합적인 경험이며, 태아의 공감각을 발달시킬 수 있는 절호의 기회이기도 하지요. 눈과 코, 입을 모두 이용해 즐겁고 행복하게 식사하면 아기도 여러 가지 감각을 열린 마음으로 받아들일 거예요.

팥빙수

입안에서 달콤한 눈이 내려요

얼음이 부서져

콧속이 알알

혀가 알알

입안에 겨울이 왔어요

차가운 아이스크림이나 얼음을 입안에 넣고 충분히 그 감각을 느낀 다음 읽어주세요.
혹은 반대로 따스한 차나 음식을 입안에서 음미한 다음 읽어주어도 좋답니다.
엄마가 느낀 감각은 아기와 함께 공유할 수 있으니까요.

태
담,

한마디

엄마의 입맛은 아기가 찾아오면서 많이 바뀐다고 해.

엄마 친구 중 한 명은 아이를 잉태한 이후로 고기 요리가 좋아졌대.

다른 친구는 과일은 거들떠 보지도 않았는데

아이가 생긴 후로는 과일이 그렇게 맛있을 수 없다네.

그런데 참 신기하지? 엄마도 그렇단다.

게다가 좋아하는 것들이 자꾸만 바뀌지 뭐니.

입덧할 때는 달고 시원한 아이스크림이 좋았는데

그 시기를 지나니 이제 매운 음식이 먹고 싶은 거야.

그뿐만이 아니야.

너무 안 먹어서 문제일 때도, 또 너무 많이 먹고 싶어서 큰일일 때도 있었지.

하지만 엄마는 늘 균형 잡힌 식사를 하려고 노력한단다.

엄마가 먹는 음식이 너를 무럭무럭 자라게 하니 말이다.

네가 태어나기까지 엄마는 여러 가지 음식을 골고루 먹을 테니

우리 아기도 편식하지 않기로 엄마랑 새끼손가락 걸어볼까? 자, 약속~!

아빠 이야기를 들려주세요

"엄마와는 서로 편식하지 말자는 약속을 주고받았어요. 아빠와는 어떤 약속을 할까요? 나는 아빠가 지금처럼 앞으로도 계속 내 얘기를 관심 있게 들어줬으면 좋겠답니다. 그리고 태어나서도 나랑 많이많이 놀아줬으면 좋겠어요. 자, 약속~! 아빠는 내게 어떤 것을 원하는지 얘기해줄래요?"

태아가 건강하게 무럭무럭 자랐으면 하는 것이 모든 부모의 바람이지요. 그 마음 그대로를 태아에게 전달해보세요. 태어난 이후에 대한 얘기도 좋습니다. 함께 어떤 일을 해보자거나, 엄마와 아빠의 추억의 장소를 보여주고 싶다는 얘기를 해보세요. 단, 아기에게 빨리 나오라거나, 어떤 능력이 뛰어났으면 좋겠다는 식의 강요하는 말은 좋지 않습니다. 태아에게도 엄마에게도 스트레스를 줄 수 있으니 주의하세요.

"아빠, 오늘은 외식하러 나가봐요! 아빠 엄마와 함께 외출하는 건 정말 기분 좋은 일이에요. 마음껏 바깥 공기를 마신 다음 맛있는 음식을 먹는 것은 더 기분 좋답니다. 엄마와 마주봐도 좋지만, 곁에 앉아서 나와도 함께 얘기하면서 먹는 건 어때요?"

배가 불러오면 올수록 불가에 서서 요리하는 것이 버거워집니다. 맞벌이 부부라면 외식 비중이 높으니 굳이 짬을 내어 외식할 필요는 없겠지요. 하지만 아내가 가정주부일 경우 남편과 함께 밥상을 차리거나 아예 밖으로 나가서 먹는 것이 스트레스 해소도 되고 좋습니다. 이왕이면 아내가 좋아할 메뉴를 골라 미리 음식점을 예약해두는 센스를 발휘해보세요. 음식점은 되도록 조용하고 아늑한 분위기가 좋습니다. 곁에 앉아서 맛있는 음식을 먹으며 아기와 대화를 시도하는 것도 즐거운 경험이 될 거예요.

레몬

오만상 찌푸려지는
레몬
아이, 셔요, 셔

나른한 잠을 깨우는
신맛

머리끝까지 올라와
나를 짜릿하게 해

정신 번쩍 들게 해주는
레몬의 신맛

 신맛처럼 온몸으로 느끼는 맛이 또 있을까요?
생각만 해도 입안에 침이 고이는 신맛이 전해지도록 이미지화해서 아기에게 전달하세요.

태
담,

한마디

짜릿하고 정신이 번쩍 드는 신맛처럼

엄마의 영혼을 쩌렁쩌렁 뒤흔든 일이 얼마 전에 있었단다.

그건 바로 네가 엄마에게 왔다는 걸 알게 된 거야.

생리 예정일이 지난 엄마는 조금 설레는 마음으로 임신 테스트를 했단다.

그동안 몇 번이나 기대했다 실망했기 때문에

이번에는 기대하지 않고 평상심으로 있도록 노력했어.

그래도 두근대는 심장은 어쩔 수가 없더구나.

두 손을 맞잡고 조바심을 내며 테스트 결과를 기다리다가, 알게 된 거야.

네가 아빠 엄마 곁으로 찾아왔음을.

벅찬 가슴을 주체하지 못하고 당장 아빠에게 이 사실을 알렸단다.

그때 기뻐하면서도 깜짝 놀라 허둥대던 아빠의 표정이란!

아가야, 너는 존재 자체만으로 큰 선물이야.

아빠와 엄마의 아기로 와줘서 정말 고맙다!

아빠 이야기를 들려주세요

"나는요, 하늘에서 아빠와 엄마를 보고, '아! 내가 기다리던 아빠와 엄마구나!' 하고 함께 사는 날을 손꼽아 기다리다 왔답니다. 아빠는 내가 오기 전부터 나를 기다려왔나요? 아니면 내가 갑자기 와서 깜짝 놀랐나요? 아빠는 내가 태어나면 같이 하고 싶은 게 뭐예요?"

아빠는 생리적으로 엄마보다 아기의 존재를 더 늦게 느낄 수밖에 없습니다. 또 온종일 함께 있지 못하니 더 멀게 느끼기도 하지요. 이런 아빠와 아기 사이를 이어주는 것이 태담입니다. 어떤 이야기이든 괜찮으니 매일 정해진 시간에 대화를 나누도록 노력하세요. 아기를 가졌다는 것을 알았을 때의 기분이나 아기가 태어난 후 해주고 싶은 것들을 얘기하는 것은 어떨까요? 아기가 아빠와 엄마를 선택해준 데에 감사함을 충분히 표하고, 사랑한다는 표현을 듬뿍해주세요.

"아빠, 나는 여러 가지 맛을 보고 싶어요. 싱싱한 제철 과일을 맛보게 해주세요. 과일은 모두 제각기 맛이 다르지만, 새콤하고 달콤해서 나도 엄마도 좋아한답니다. 아빠가 좋아하는 과일과 엄마가 좋아하는 과일에 대해서도 얘기해줄래요?"

임신부가 반드시 챙겨야 할 영양소에서 빠지지 않는 것이 비타민입니다. 비타민이 많이 든 식재료로 꼽히는 것이 싱싱한 과일이지요. 임신 후기로 가면 아기가 커지면서 위가 눌려 음식을 조금씩 자주 먹을 수밖에 없는데, 이때도 중간중간 과일을 섭취하면 포만감이 들고 소화도 잘되며 영양소도 공급할 수 있어요. 아내와 함께 과일을 먹으며 태아에게 이것이 어떤 과일인지 말해보세요. 또한 지금은 어떤 계절인지, 이 계절에는 무슨 과일이 나오는지, 아빠와 엄마가 무슨 과일을 좋아하는지 조금 수다스럽게 얘기해볼까요?

말로 하기 어려운 맛

봄볕의 맛이란?

산들바람의 맛이란?

뭉게구름의 맛이란?

무지개의 맛이란?

눈송이의 맛이란?

말로 하긴 어렵지만

맛있을 것 같아

 공감각을 발달시키는 동시입니다. 시에서 궁금해하는 맛을 미각과 시각, 미각과 후각, 미각과 촉각 등으로 다양하게 짝지으며 이미지화해 아기에게 전달해보세요.

태
담,

한마디

엄마는 가끔 저녁 바람에서 초등학교 운동회 때를 느끼곤 해.

달리기하기 전의 두근거리는 느낌,

콩주머니를 던져 박을 터뜨리던 짜릿한 감각,

외할머니와 함께 맛있는 점심을 먹던 기억이 한순간에 스쳐 지나가지.

이런 것을 어떤 사람들은 공감각이라고 부른다더구나.

우리 주변에는 공감각을 느끼는 사람이 적지만 존재한다고 해.

공감각이란 여러 가지 감각을 동시에 느끼는 능력인데,

소리를 들으면 맛이 느껴진다거나,

어떤 단어를 보면 특정한 음을 느낀다거나,

숫자가 이미지와 겹쳐서 보인다더구나.

정말 신비한 능력이지?

태어나기 전인 네게는 공감각이 더 쉽게 느껴진다고 하니,

엄마도 이제 여러 감각으로 네게 말을 걸어볼까 해.

눈, 코, 입, 귀, 손끝으로 세상을 알려줄 테니 즐겁게 바깥세상을 느껴보렴!

아빠 이야기를 들려주세요

"무지개가 뭐예요? 산들바람은 뭐죠? 눈송이와 뭉게구름은요? 엄마와 함께 명상하면서 내게도 전달해주세요. 어떻게 생겼고 어떤 감촉이고 어떤 맛이 나는지 궁금해요."

명상은 들뜬 마음을 가라앉히고 평온하게 만듭니다. 아이를 가졌을 때 명상을 생활화하면 불안하거나 화나는 감정이 커지는 것을 막을 수 있어 좋지요. 명상을 통해 아기에게 상상하는 바를 전달해보세요. 아기에게 무궁무진한 상상력을 심어줄 수 있답니다. 오감을 모두 생생하게 떠올리고 한 감각을 다른 감각과 결합해보세요. 무지개의 맛을 느껴본다거나 뭉게구름을 만져보는 등의 상상은 아기의 오감 및 공감각 발달에도 도움을 줍니다.

"아빠, 내가 올 거라고 알려주는 태몽은 누가 꿨나요? 어떤 내용이었고요? 아빠와 엄마의 태몽이 뭐였는지도 알고 싶어요!"

태몽은 아기에 대한 기대감과 잠재의식 속의 소망이 결합해 나타나는 꿈입니다. 과학적으로 증명된 바는 없지만 태몽으로 간주되는 여러 가지 꿈이 있지요. 대부분의 태몽은 이미지가 강렬하고 인상적이거나 내용이 상서롭고 신비로운 특징을 지니고 있습니다. 대체로 부부가 꾸지만, 간혹 가까운 친지나 지인이 대신 꾼다고도 하지요. 아기의 태몽이 있다면 얘기해주고, 엄마와 아빠의 태몽은 무엇이었는지도 얘기해주세요. 꿈은 창의적이고 창조적인 경우가 많아, 이야기하다 보면 자연스레 여러 감각을 동원하게 된답니다. 듣고 있는 아기도 공감각을 발달시키고 있을 거예요.

엄마 아빠의

실전 미각 태교

 태교법 하나. 음식을 만들고 먹으며 설명하기

임신 기간 중 가장 힘들다는 입덧 시기가 끝나면 조금씩 음식에 입을 대게 됩니다. 이때는 아기도 이미 맛을 볼 수 있으니, 엄마도 기운을 내서 조금씩 음식에 도전해보세요. 재료를 준비하고 요리한 다음 먹는 전 과정을 아기와 함께한다고 생각하면 음식에 대해서도 다시 생각하게 되고, 귀찮기만 했던 조리 과정도 긍정적으로 받아들일 수 있게 됩니다.

음식 재료를 준비할 때, 아기와 대화를 하면서 준비해보세요.

"오늘은 이런 음식을 하려고 해. 아가는 이 음식을 좋아할지 모르겠구나. 이 음식에는 이런 재료가 들어간단다."

식재료의 다양한 생김새나 향, 그 맛을 태아에게 차근차근 전달하세요. 조리하는 중에도 어떤 요리법으로 어떻게 조리할 것인지, 조리가 끝난 음식이 어떤 맛이 날 것인지 기대감을 담아 얘기해보세요. 아기도 두근두근 기대하는 게 느껴지나요?

조리가 끝난 다음에는 마음에 드는 그릇에 예쁘게 담습니다. 만사가 귀찮을 때는 대충 차리는 경우가 많지만, 이왕 아기와 함께 시작했으니 끝까지 신경 써보세요. 예쁜 그릇에 소복하게 담으면 시각적으로도 만족감을 주고 음식을 대하는 마음도 조금 더 경건해진답니다. 그릇에 담은 음식이 어떻게 생겼는지, 어떤 냄새가 나는지 아기에게 말해주세요.

"오늘은 식욕이 도는 빨간 그릇에 담아봤어. 눈으로 보기만 해도 먹음직스럽지? 킁킁, 맛있는 냄새가 나는지 살짝 맡아볼까? 엄마가 좋아하는 고소한 냄새가 나네. 아가도 벌써부터 배가 꼬르륵거리지 않니? 자, 이제 엄마와 함께 먹어보자!"

음식을 먹을 때는 조금씩 음미하듯 드세요. 엄마가 먹고 있는 것이 아기에게도 그대로 전달된다는 사실을 잊지 말고 차근차근 씹고 깊게 맛을 봅니다. 어떤 맛이 나는지 아기에게 전달해보세요. 쑥스럽다고요? 태교할 때는 조금 수다스러운 편이 좋아요. 집에서 식사할 때는 아빠 엄마와 아기밖에 없으니 아기에게 말을 걸기도 어렵지 않겠지요.

이렇게 식재료 준비부터 조리 과정, 실제 식사 과정 내내 아기와 대화하면서 준비하면 매일 먹는 음식이라도 훨씬 새롭게 느껴질 거예요. 또한 식탐을 줄이는 효과도 있지요. 입덧이 끝나면 식욕이 갑작스레 왕성해지는 때가 있습니다. 평소 아기와 대화하며 음미하는 습관을 들이면 많이 먹지 않아도 포만감이 느껴져서 자연스레 식욕을 조절할 수 있답니다.

태교법 둘. 오늘은 아빠가 요리사!

아빠가 된다는 것은 설레지만 두려운 일이기도 합니다. 아빠는 아기를 품는 입장도, 낳는 입장도 아니기에 임신과 출산이라는 중대사를 어떻게 치러야 할지 막막하기만 하지요. 하지만 아내와 아기를 위해서라도 든든한 아빠로 거듭나야 합니다. 단순히 아내를 돕는다는 생각이라면 조금 관점을 바꿔보세요. 아내와 함께 태아를 기르고 함께 낳는다는 생각을 가져야 합니다. 이 책을 통해 태담에 익숙해졌다면 이번에는 요리에 도전해보는 게 어떨까요?

임신한 여성은 먹고 싶은 것이 많은 반면 입맛이 까다롭습니다. 임신 초기에는 입덧 때문에 먹기 힘들고, 임신 후기에는 아기가 커가며 장기를 위로 밀쳐서 먹기 힘들어지지요. 몸이 힘드니 음식을 만드는 것도 힘들어져 짜증을 내기도 합니다. 열 달 내내 아이를 품느라 힘든 아내를 위해 주말에는 아빠가 요리사로 변신하는 것도 나쁘지 않겠지요. 단백질이 풍부한 고기와 생선, 각종 견과류와 신선한 채소는 태아의 두뇌 발달과 임신부 건강에 좋습니다. 요리 솜씨가 있다면 고기나 생선 요리도 좋아요. 요리가 낯선 아빠라면 간단한 샐러드나 간식, 천연 음료 등을 내보세요.

샐러드 중 가장 손쉽게 만들 수 있는 과일 샐러드는 양상추와 치커리 등 푸릇한 채소를 먹기 좋은 크기로 자른 다음, 아내가 좋아하는 과일을 썰어 올리기만 하면 됩니다. 부족한 단백질을 채우고 싶다면 닭가슴살이나 연어를 살짝 곁들여도 좋아요. 여기에 상큼한 오렌지 드레싱이나 요구르트 드레싱을 뿌리면 끝입니다. 간단하지요? 이렇게 손쉬운 샐러드부터 시작해서 아내가 좋아하는 요리에 하나씩 도전해보세요. 매주 주말마다 하나씩 만들다 보면 아기가 태어날 때쯤에는 훌륭한 요리사로 거듭날 겁니다.

 **셋. 임신 초기의 복병, 입덧 극복하는 법**

입덧은 임신으로 인해 분비되는 호르몬이 구토 중추를 자극해서 일어납니다. 호르몬 분비는 보통 임신 10주가 가장 많고, 12~13주 정도가 되면 점점 줄어드는데, 분비량이 많을수록 입덧 증세가 심하지요. 하지만 몸이 점차 이러한 변화에 적응하면서 입덧도 가라앉게 됩니다.

입덧은 체질에 따라 다르게 나타납니다. 지나치게 마른 사람이나 뚱뚱한 사람은 그렇지 않은 사람에 비해 입덧을 심하게 느끼는 경향이 있어요. 또한 본래 성격이 신경질적이고 의존심이 많을 경우 더욱 심하게 느낍니다. 뜻밖의 임신으로 당황하거나 남편이 임신을 달가워하지 않는 경우, 혹은 남편이 아내에게 무관심할 경우 입덧이 더 악화되기도 합니다.

부부 사이가 좋지 않을 때, 부부의 인생 계획에 맞지 않을 때 아기가 생기면 누구나 당황할 수 있습니다. 하지만 부부에게 새로운 생명이 찾아왔다는 것, 이 아기가 나만

Tip

입덧과 함께 두통이 왔어요!

두통은 임신 초기에 흔히 나타나는 증상입니다. 간혹 혈압이 높아져 생기는 두통도 있지만, 임신 초기 두통은 대부분 호르몬의 변화가 자율신경계에 영향을 주어 일어나는 것입니다. 또한 불안감을 느끼는 등, 정신적으로 스트레스를 받아도 두통이 생길 수 있어요.

임신 초기에는 되도록 약물 복용을 삼가야 합니다. 하지만 입덧으로 고통받고 있는 와중에 두통까지 겹쳐 너무 힘겹다면 의사와 상의하여 임신 중에도 먹을 수 있는 두통약을 처방받으세요. 두통 증상이 심하지 않다면 긴장을 가라앉히고 편히 잠을 자거나 평소 즐기던 취미 생활을 하면서 두통을 잊어보는 것이 좋습니다.

의 것이 아닌 소중한 생명이라는 점을 조금이나마 떠올려주세요. 부디 열 달 내내 환대 받지 못한 아기로 만드는 일은 없었으면 하는 바람입니다.

이제 입덧을 이겨내는 구체적인 방법을 살펴볼까요? 우선 먹고 싶을 때마다 조금 씩 자주 먹는 습관을 들입니다. 울렁거린다고 아무것도 먹지 않으면 더 심하게 구토기 가 올라오니 괴롭더라도 조금씩 자주 드세요.

두 번째, 아침에 잠에서 깨었을 때 급하게 몸을 움직이지 않습니다. 고속버스를 탔 을 때도 덜컹거리는 차 안에서 멀미가 심하지요? 한참 누워 있다가 갑작스럽게 움직이 면 마치 멀미가 나듯 입덧이 심해집니다. 그러니 아침에는 서서히 일어나서 부드럽게 움직이세요.

세 번째, 아침에 일어났을 때 비스킷이나 크래커같이 바삭거리는 음식을 먹고, 잠 자기 전에도 물과 비스킷 한 조각을 먹고 잡니다. 입덧은 공복 상태에서 심하므로 일어 났을 때 공복 상태를 바로 해소해야 합니다. 잠자리에 들기 전에는 아침의 공복 상태를 최소한으로 하고 숙면을 취하기 위해서 비스킷을 섭취하는 게 좋아요.

네 번째, 쌀, 보리, 밀가루, 감자, 고구마 등 당분 식품을 자주 먹고 지방이 많은 음 식은 피합니다. 당분 식품은 소화 및 흡수가 빨라 입덧 시기에는 요긴한 구원병이 되어 주는 음식입니다. 외출할 때 찐 감자나 찐 고구마를 가지고 다니는 것도 좋아요. 기운이 떨어져서 울렁거릴 때 하나씩 먹으면 몸이 한결 가뿐해진답니다. 지방이 많은 식품은 소화가 되지 않으니 입덧 시기에는 주의하도록 합니다.

마지막으로, 수분 섭취를 생활화하는 것을 잊지 마세요. 입덧이 심해 구토가 잦아지 면 탈수증에 걸릴 수 있습니다. 따라서 수분을 충분히 섭취하는 것이 좋아요. 음료를 챙 겨 마시기 힘들다면, 수박이나 포도같이 수분 함량이 높은 과일을 먹는 것도 좋습니다.

도무지 노력해도 음식을 먹기 힘들 때가 있습니다. 그렇다고 그대로 공복 상태가 지속되면 구토하다가 탈수증에 빠지기 십상입니다. 이럴 때는 아주 소량이라도 괜찮으니 수분과 교대로 조금씩 섭취하도록 노력하세요. 찬 음식은 차게, 더운 음식은 데워서 먹는 것이 좋습니다. 구역질을 넘어 토하는 증상이 자주 나타나면 의사와 상의하여 적절한 치료를 받으세요. 입덧은 임신 4~5개월 후에는 약해지지만 더러 임신 전체 기간 동안 계속 되는 경우도 있습니다.

PART.3

嗅覺

후각
태교

후각,

가장 완벽하게 발달하는 감각

태아는 어떻게 냄새를 느낄까요?

태아의 오감 중 가장 먼저 발달하기 시작하는 감각이 촉각이라면, 후각은 상대적으로 가장 완벽하게 발달하는 감각입니다. 태아기의 후각은 단순히 냄새를 맡는 기능만을 뜻하지 않습니다. 태아의 경우 두뇌와 후각이 동시에 발달하며 냄새를 기억하고 감정을 느끼는 기능이 함께 자극되는데, 이는 태어난 후의 취향이나 성격을 결정짓는 데도 영향을 미칩니다.

임신 4개월경, 냄새를 인식할 수 있는 뇌 부분이 생성되고, 한 달 후인 5개월이 되면 콧속에 냄새를 맡을 수 있는 후각섬모가 만들어집니다. 6개월이면 코안의 후각섬모가 냄새를 감지하여 뇌로 전달할 수 있게 되므로, 이때부터는 엄마가 맡은 냄새를 아기도 함께 느낄 수 있습니다.

엄마 배 속에 있는 태아가 냄새를 맡는다는 것도 놀라운데 더 신기한 것은 냄새를 기억하고 반응까지 한다는 점입니다. 태아가 냄새를 기억하기 시작하는 것은 임신 8개월쯤입니다. 이때 기억한 엄마 냄새를, 아기는 태어난 후에도 모유나 스킨십을 통해 지속적으로 느낍니다. 실제로 엄마의 양수를 한쪽 젖꼭지에 묻힌 후 수유하는 실험을 했더니 77%의 아기가 양수 묻은 젖꼭지를 선택했습니다.

단지 10개월을 함께한 양수 냄새이기 때문에 기억하는 것뿐일까요? 이에 대한 대답 또한 다른 연구 결과가 말해주고 있습니다. 프랑스의 한 과학자가 24명의 산모를 두 그룹으로 나눠 한 그룹에는 출산 10여일 전부터 특정 열매의 향이 섞인 비스킷을 먹게 했고, 다른 그룹에는 먹이지 않았습니다. 아기가 태어나고 몇 시간 후, 그리고 며칠 뒤 아기들에게 그 열매의 향을 맡게 했더니 임신 중 비스킷을 먹었던 산모의 아기들은 그 향을 알아채고 반응을 보였지만 그렇지 않은 아기들은 아무런 반응이 없었습니다.

이렇듯 태아가 냄새를 맡으면 뇌로 전달된 후각 신호가 엄마 냄새와 배 속의 경험과 기억, 감정 사이에 신경회로 형성을 촉진하게 됩니다. 즉, 아기가 태아기에 엄마를

아빠! 조심해주세요.

산모에게 임신 중 남편 때문에 힘들었던 것이 무엇인지 물었더니 대다수가 술과 담배 냄새였다고 답했습니다. 평소 술과 담배 냄새를 싫어하지 않던 사람도 임신 후에는 역하게 느껴지는데, 처음부터 그 냄새를 싫어했다면 임신 후에는 참기 어려운 악취로 느껴지겠지요. 입덧이 심하다면 더욱 힘든 상황이 됩니다.

아빠가 해줄 수 있는 최고의 후각태교는 아기와 엄마를 위해 술과 담배 냄새를 최대한 억제하는 것입니다. 사회생활을 하는 아빠에게는 어쩔 수 없는 상황이 많이 있겠지만, 집에 돌아오자마자 깨끗이 씻는 것만으로도 아내와 아기를 충분히 배려할 수 있다는 것, 기억해주세요.

통해 느꼈던 '엄마 냄새'는 태어난 후에도 기분 좋은 일들과 연관시키게 되는 것이죠. 반대로 아빠의 술이나 담배 냄새를 맡고 엄마가 언짢아하거나 괴로워한다면 당연히 아기도 그 감정을 익혀 거부 반응을 보이게 됩니다. 그저 싫은 냄새라고만 기억하고 있던 아기가 태어난 후 아빠에게서 똑같은 냄새를 맡게 된다면? 아기는 일찌감치 패닉을 경험할지도 모르겠네요.

태아의 후각이 발달할 때 엄마가 지켜야 할 수칙

후각이 발달하기 시작하는 4개월에는 그동안 엄마를 괴롭혔던 입덧이 사라지기 시작합니다. 태반이 형성되고 아기의 신체 기관도 거의 다 만들어져서 이제는 잘 자랄 일만 남았습니다. 이 시기 엄마의 자궁은 아기 머리만큼 커지지만 위쪽으로 커지기 때문에 임신 초기에 비해 방광의 압박은 부쩍 줄어들어 활동하기는 다소 편해집니다. 다만 대사 작용이 활발해져 기초체온이 올라가기 때문에 평소보다 조금 덥게 느낄 수 있습니다.

후각이 거의 다 발달하는 6개월쯤부터는 태동이 매우 활발해집니다. 아기는 피부가 형성되고 주름도 잡히며 머리카락도 생기지요. 태아의 뇌가 발달하고 신체가 성장하는 단계이기 때문에 무엇보다 영양소가 균형 있게 갖추어진 식사를 하고, 주의가 필요한 음식은 가급적 피하며 영양 관리에 더욱 신경 써야 합니다.

엄마는 자궁이 점점 커지고 식욕도 부쩍 늘어 하반신의 혈액 순환이 잘되지 않습니다. 중간 중간 걷거나 가벼운 운동을 통해 혈액 순환이 원활히 유지되도록 하세요. 이 시기에 초유가 분비되는 경우도 있으니 서서히 유방 마사지를 시작하는 것도 좋습니다. 분비된 초유는 부드러운 거즈로 살짝 닦아내세요.

임신 중기에 해당하는 이 시기에는 평소보다 잦은 어지럼증을 느낄 수 있습니다. 누워 있거나 갑자기 일어나는 경우 어지럼증을 쉽게 느끼는데, 이를 기립성 저혈압이라고 합니다. 이런 현상은 아기집이 커지면서 자궁 쪽으로 피가 몰려 상대적으로 머리나 다른 장기로 가는 혈류량이 줄어들어 나타나는 것입니다. 따라서 임신 4, 5개월부터 출산 전까지는 지속적으로 철분제를 복용하는 것이 좋습니다. 또한 철분이 많이 들어 있는 식품을 꾸준하게 섭취하는 것도 좋은데, 간, 녹황색 채소, 견과류, 지방이 적은 고기가 여기 포함됩니다. 참고로 평소에 물을 충분히 섭취하는 것도 임신 중 어지럼증을 예

임신 중기, 엄마를 괴롭히는 다양한 증상

요통
임신 중기에 배가 커지면 몸의 균형을 잡기 위해 상체를 뒤로 젖히게 되는데 이때 허리에 무리가 갑니다. 또 호르몬의 작용으로 뼈와 뼈 사이의 연결이 느슨해져 요통이 일어나기도 하지요. 요통을 줄이기 위해서는 굽이 낮은 신발을 신고 허리를 내밀지 말고 쭉 펴고 걷는 등, 바른 자세를 유지하세요. 푹신한 침대 보다는 딱딱한 매트리스나 온돌에서 옆으로 누워 자는 게 좋습니다.

가려움증
임신 중기 이후에는 피부가 가렵고 발진이 생기기도 합니다. 주로 가슴이나 배, 다리에 많이 생기는데 두드러기처럼 보이기도 하며, 습진으로 발전하기도 합니다. 가려움증은 태아에게 영향도 없고 출산하면 바로 사라지므로 크게 걱정하지 않아도 됩니다. 평소에 청결에 유의하고 자극이 적은 화장품을 사용하세요. 단, 시중의 연고제재를 임의로 발라서는 절대 안 됩니다.

변비
임신 중에는 호르몬의 영향으로 대장 근육의 수축력이 감소해 변비가 오기 쉽습니다. 이럴 때는 변이 부드러워지도록 물을 많이 마시고 과일, 채소 등 섬유질이 풍부한 음식물을 많이 먹습니다. 또 맨손체조나 걷기 운동을 한 다음 잠을 충분히 자는 것도 도움이 됩니다.

방하는 데 도움이 됩니다.

엄마의 냄새를 기억하는 9개월. 아기는 거의 완전한 태아의 모습을 갖추고 있습니다. 손톱도 형성되고 이제 냄새로 기억하고 있는 엄마 품에 안기길 손꼽아 기다리고 있겠지요. 이때 엄마는 몸무게가 급격히 증가하고 하지부종이 심해지는가 하면 자궁이 위와 심장, 폐를 압박하기 때문에 호흡이 힘들어집니다. 자궁 수축이 반복적으로 일어나고 배도 자주 뭉칠 수 있습니다.

임신 후기의 여성에게 필요한 영양소는 산모의 혈액 순환을 돕는 오메가3와 출산 후 골다공증을 예방하는 칼슘입니다. 오메가3는 등 푸른 생선을, 칼슘은 우유나 치즈 등 유제품을 충분히 섭취하는 것으로도 보충이 가능합니다. 그러나 만약 혈중 칼슘이 낮아 칼슘제를 섭취해야 하는 임신부라면 한 가지 주의할 점이 있습니다. 임신 기간 중 섭취하는 다양한 영양제 중에서 철분제와 칼슘제는 함께 복용하지 말아야 한다는 점입니다. 두 영양제를 동시에 복용하면 위장 장애를 초래할 수 있으므로 복용 시간을 달리하면서 섭취하는 것이 좋습니다.

후각태교는 정서 태교, 마음의 평화가 아기를 행복하게 합니다

태아도 냄새를 맡을 수 있지만 외부의 모든 냄새를 인식하며 맡지는 못합니다. 하지만 엄마와 정서를 공유하며 냄새와 감정을 결합할 수는 있습니다. 예를 들어 엄마가 좋은 냄새를 맡으면서 행복한 감정을 느끼면 태아는 그 냄새를 '기분 좋고 행복한' 냄새로 받아들이게 됩니다. 심지어 엄마가 자주 먹었던 음식의 냄새도 모두 기억했다가 태어나면 그 냄새의 음식을 더 선호하기까지 한다니, 식성에마저 영향을 미치는 후각의 기능, 놀랍지 않나요?

임신을 하면 평소보다 후각이 예민해집니다. 원래는 잘 느끼지 못했던 냄새에도 심하게 반응하여 구역질을 하거나 몸이 아파지는 경우도 종종 있습니다. 냄새가 고역인 사람은 엄마뿐이 아닙니다. 엄마와 감정을 공유하고 있는 배 속 아기도 고역입니다. 태어나기 전까지 가장 완성도 있게 발달하는 감각이 후각이기 때문에 아무리 맛있는 음식, 좋은 음악, 멋진 그림으로 달래보아도 아기의 스트레스는 쉽게 풀리지 않을 겁니다.

후각태교는 마음에 안정감을 주고 긍정적인 호르몬을 유발한다는 점에서 매우 중요합니다. 엄마가 좋아하는 음식, 좋아하는 꽃, 좋아하는 차(茶), 좋아하는 향기라면 무엇이든 듬뿍 맡으세요. 아기는 엄마의 후각을 통해 냄새를 맡고 향에 대한 감정을 느끼기 때문에, 엄마가 편안하게 느끼는 냄새라면 무엇이든 좋습니다.

좋은 공기를 마시고 상쾌함을 느끼는 것도 후각태교 중 하나입니다. 산소 공급은 곧 태아의 두뇌 발달과 직결되는 것이니만큼 공기 맑은 곳에서 남편과 산책 데이트를 하는 것도 좋은 태교법이라 할 수 있습니다. 남편 손을 잡고 천천히 걸어보세요. 맞잡은 손에서 느껴지는 감촉은 촉각태교, 숲의 향기는 후각태교, 아름다운 풍경은 시각태교, 여기저기서 지저귀는 새소리는 청각태교와 연결됩니다. 여기다 가벼운 운동까지 더해지니 1석 5조의 효과를 기대할 수 있답니다.

햇빛 냄새

햇빛 아래
엄마와 아이가 빨래를 널어요

아이 속옷
엄마 윗도리
아빠 양말

햇빛 아래 널어놓은
빨래에서 나는
아, 햇빛 냄새!

빨래 아래 뛰노는
아이의 머리에서 나는
아, 햇빛 냄새!

푸른 하늘에 쨍쨍한 햇볕이 내리쬐는 날,
바싹 마른 빨래에서 나는 청결한 냄새와
까슬까슬한 느낌을 떠올려보세요. 우리 아
기가 햇볕과 함께 뛰어노는 모습을 상상하
면서 읽으면 어떨까요?

태
담,

한마디

아가야, 오늘은 엄마가 옛날이야기를 해줄까 해.

아주 먼 옛날, 한 나라의 임금님이 세 딸에게 금화 한 닢을 주며 이렇게 말했대.

"장에 가서 방 하나를 가득 채울 수 있는 물건을 사 오거라."

첫째 딸은 시장에 가서 비단을 사 왔지만 방을 가득 채우지 못했지.

둘째 딸은 비단보다 싸고 부피가 큰 솜을 사 왔는데,

역시 방을 채우기엔 역부족이었어.

실망한 임금님이 막내딸을 돌아보았더니

막내딸이 조용히 초를 꺼내 들고 불을 붙였다고 해.

그러자 어두운 방이 빛으로 가득 찼지.

임금님은 그제야 빙긋 미소를 지었다는구나.

아가야, 엄마는 네가 지혜로운 막내딸처럼 자라기보다

어두운 방을 환하게 밝히는 촛불 같은 아이가 되었으면 한단다.

아무런 조건 없이 밝은 빛을 선사하는 햇빛 같은 사람이 되었으면 해.

우선 오늘은 따스한 햇볕을 엄마와 함께 느껴볼까?

아빠 이야기를 들려주세요

"킁킁, 아! 아빠 냄새가 나요! 나는 아빠가 엄마에게 볼을 비비며 뽀뽀할 때 나는 아빠 냄새를 가장 좋아한답니다. 아빠는 내 냄새를 느끼지 못하지만, 엄마 냄새는 느낄 수 있죠? 내가 느끼는 엄마 냄새와 비슷할지 궁금하네요. 아빠가 느끼는 엄마 냄새는 어떤가요?"

태아는 양수를 통해 하루에도 몇 차례씩 변하는 엄마 냄새를 수시로 맡고 있습니다. 그래서 엄마 냄새에는 민감한 편이지요. 태아가 기억하고 있는 엄마 냄새는 따스하고 편안한 냄새겠지요. 아빠가 느끼는 엄마 냄새는 어떤지 말해주세요. 아내의 냄새를 맡으며 볼에 입 맞추거나 몸을 마사지하는 등 스킨십 기회를 늘리면 부부 사이도 돈독해질 거예요.

"엄마와 함께 산책할 때 햇볕 냄새, 나무 냄새와 함께 꽃 냄새를 맡았어요. 엄마는 자연의 여러 냄새 중에서도 달콤하고 향긋한 꽃향기가 가장 좋대요. 아빠가 좋아하는 꽃은 무엇인가요? 그중에서 가장 향기가 좋은 꽃은 어떤 거예요? 내일은 그 꽃 한 송이를 내게도 선물해주세요. 아빠가 좋아하는 꽃향기를 함께 맡고 싶어요."

아내가 임신한 후, 얼마나 많은 이야기를 나눴나요? 그중에서도 아내의 마음을 부드럽게 감싸주는 말은 몇 마디나 있었을까요. 가뜩이나 후각이 예민해져 힘들어하고 있는 아내를 이해하려 애쓴 적은 있는지요. 내일은 아내에게 향긋한 꽃 한 송이 선사하는 로맨틱한 남편이 되어보세요. 아내가 꽃을 받고 향기를 느끼며 남편의 사랑을 확인할 때 배 속의 아기도 아빠의 커다란 사랑을 느낄 겁니다.

바람 타고 솔솔

바람 타고 날아오는
고소하고 달콤한 냄새

쿵쿵, 어디에서 나는 냄새일까
냄새를 따라 쿵쿵쿵쿵

언덕 넘어 쿵쿵
냇물 건너 쿵쿵
숲으로 들어가 쿵쿵

숲 속 오두막집
엄마와 아이가 쿠키 만드는 냄새

어서 와, 곰 아저씨
쿠키 같이 먹자

바람 타고 날아온
쿠키 냄새

옆집에서 달콤한 냄새가 솔솔 풍겨올 때,
어떤 기분이 드나요? 대체 어디에서 나
는 냄새인지 진심으로 궁금해하면서 차
근차근 읽어보세요. 아기와 함께 곰 아저
씨가 되어 냄새 탐방에 나서는 겁니다.

태
담,
한마디

엄마와 네가 쿠키를 구울 때 배고픈 곰 아저씨가 찾아오면

우리 아가는 흔쾌히 함께 먹자고 자리를 내어줄까?

엄마와 너, 그리고 곰 아저씨 셋이서 행복하게 쿠키를 나눠 먹을 수 있을까?

아가야, 오늘은 네게 고백해야 할 일이 있어.

너를 몸에 품기 전, 엄마에게는 먼저 가슴으로 품은 아이가 한 명 있단다.

그 아이는 저 멀리 떨어진 아프리카에 살아.

눈을 돌리고 싶은 참혹한 곳에서 하루하루 살아가지만

언제나 별빛처럼 반짝이는 눈으로 밝게 웃고 있는 그 아이를

엄마는 오래전부터 남몰래 후원하고 있어.

사랑하는 아가야, 엄마는 사랑은 나눌수록 커지는 것이라고 믿는다.

아프리카 아이를 가슴에 품고 너를 온몸으로 안으며

엄마는 몇 배로 커진 사랑을 둘에게 나누어주고 있어.

언젠간 우리 아가도 엄마의 이런 마음을 알아줄 날이 오겠지?

혼자보다는 둘이 낫고, 둘보다는 셋이 낫단다. 특히나 사랑을 나눌 때면 말이야!

아빠 이야기를 들려주세요

"오늘 아빠의 냄새 경로를 추적해볼까요? 킁킁. 오늘 아빠는 공원길을 돌아서 왔군요! 아빠 옷자락에 나무 냄새가 배어 있어요. 킁킁. 아빠 머리카락에 점심 식사로 먹은 생선 비린내가 묻어 있네요. 킁킁. 아빠 손에서 기름때 냄새가 나는 걸 보니 오늘은 일터에서 열심히 일했나 봐요. 아빠도 엄마 냄새로 나와 엄마가 오늘 무슨 일을 했는지 알아맞혀 보세요!"

엄마가 먼저 아빠의 냄새를 킁킁 맡으며 오늘 뭐 했는지 알아맞혀 보세요. 그다음엔 아빠 차례입니다. 아빠가 엄마의 냄새, 집안 냄새를 킁킁 맡으며 오늘 엄마와 아기가 무엇을 했는지, 오늘 저녁 반찬은 무엇인지 알아맞히는 거예요. 웃음을 자아내는 장난스러운 관찰은 부부의 유대감을 강화하고 태아와 아빠의 거리감을 줄여줍니다.

"아빠는 언제 엄마를 사랑하게 되었나요? 결혼을 결심한 이유는 무엇이었어요? 엄마는 언제나 나를 사랑한다고 말하면서 마음속으로 아빠에 대한 사랑까지 전달한답니다. 아빠가 엄마 배에 손을 대고 내게 사랑한다 말할 때, 엄마에 대한 사랑을 전달하는 것처럼 말예요. 엄마와 아빠의 러브 스토리를 들려주세요."

태아에게 엄마와 아빠가 만나 사랑에 빠진 이야기는 그 자체로 역사입니다. 그러지 않았다면 아이가 생기지 않았을 테니 말이지요. 아이에게 '우리 가족'의 역사를 들려주세요. 오래 된 연애편지를 꺼내 읽는 느낌이라 조금 부끄러울 수도 있지만, 아내에게 다시 한 번 고백하는 셈치고 자세하게 얘기해보는 건 어떨까요? 태아보다 먼저 아내가 감동하고 눈물을 보일지도 몰라요!

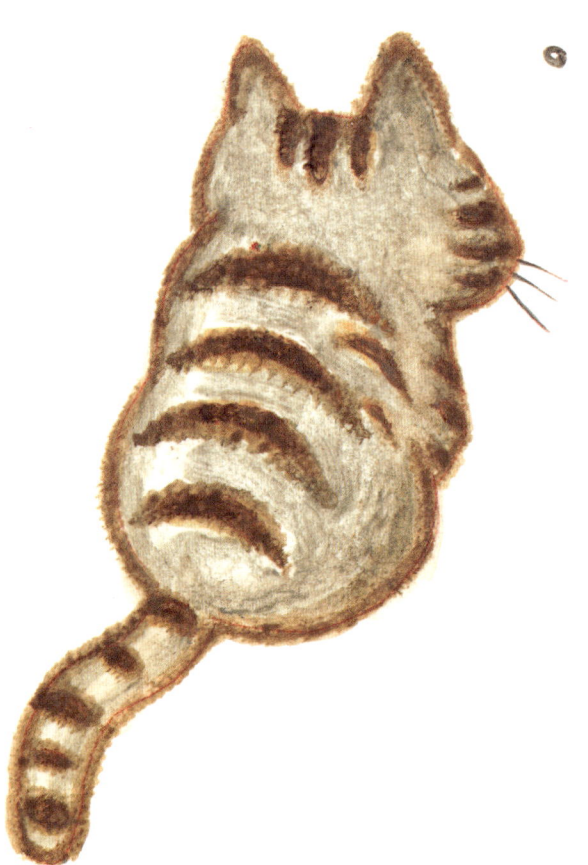

아이코, 구린내

뛰어놀던 냐옹이
갑자기 웅크리고 앉았네

그러더니 옴짝옴짝 힘주네

 구린내와 똥이라는 단어에 힘을 담아 읽으며 상상해보세요.
분명 불쾌한 냄새가 진동하는 광경인데도 어쩐지 웃음이 나지요?
아기도 엄마 배 속에서 재미있다고 깔깔댈 거예요.

궁금해진 아가
엉금엉금 기어서
냐옹이에게 다가가니

아이코, 구린내
냐옹이 똥 냄새

태담, 한마디

말로만 듣던 입덧을 호되게 체험하면서
엄마는 후각이 얼마나 예민한 감각인지 새삼 깨달았다.
보글보글 끓어오른 된장찌개 냄새가
누군가에겐 악취일 수 있다는 것도 처음 알았어.
매일 들이마시던 공기에 알 수 없는 온갖 냄새가 섞여 있다는 것,
버스와 지하철이 땀 냄새와 화장품 냄새로 꽉 차 있다는 것도
새로운 발견이었단다.
하지만 나쁜 일만 있던 건 아니니 안심하렴.
반대로, 민감해진 덕에 더 즐겁게 맡게 되는 냄새도 있었으니 말이다.
봄을 맞은 숲에서 피어오르는 아지랑이 냄새,
바다에서 느껴지는 싱싱한 생명의 냄새,
엄마 품에서 잠든 아기의 달콤한 살냄새.
보렴, 예민하다는 게 꼭 나쁜 것만은 아니지?

아빠 이야기를 들려주세요

"엄마가 가장 좋아하는 아빠 냄새는 비누 냄새래요! 깨끗한 아빠 곁에서는 나도 방긋 웃을 수 있답니다. 오늘은 아빠와 함께 손 씻기 발 씻기 놀이를 할까요? 아빠, 엄마 손발을 부드럽게 씻기면서 살짝 간지럼 태워줄래요? 엄마 배 속에서 아빠 엄마와 함께 깔깔 웃고 싶어요."

태아는 바깥 냄새를 엄마의 후각을 통해 느낍니다. 이때 엄마의 좋고 싫은 감정이 함께 전달되지요. 아빠 냄새가 엄마의 비위를 자극할 경우 태아가 갖게 되는 아빠 이미지도 부정적이 되기 십상입니다. 임신한 여성이 가장 싫어하는 냄새는 바로 술과 담배 냄새라고 합니다. 아내가 임신했을 때는 되도록 술, 담배를 끊는 것이 좋습니다. 불가피할 경우라면 바깥에서 술, 담배를 한 후 집에 돌아와서 곧바로 샤워와 양치질을 하세요. 임신 기간에는 집안을 청정 구역으로 조성해야 함을 잊지 마시기 바랍니다.

"아빠, 엄마가 그러는데, 엄마는 고양이와 강아지 중에서 고양이가 더 좋대요. 고양이는 조용하고 보들보들한 털을 가졌다고요. 하지만 나는 강아지가 더 좋아요. 나와 활발하게 뛰어놀 수 있으니까요. 아빠는 어떤 동물이 더 좋아요? 우리 집에서 키우는 동물이 있나요? 나도 나중에 동물을 기를 수 있을까요?"

동물을 좋아하지만 집에서는 기를 수 없다는 원칙을 지닌 부모님도 있고, 동물을 이미 기르고 있는 부모님도 있지요. 집에서 기르고 있는 동물이 있다면 그것에 대해서 얘기해보고, 집에서 기를 수 없다는 원칙을 지녔다면, 다른 곳에서 동물을 만날 수 있을 거라고 아기에게 말해보세요. 분명 아기는 부모님이 하는 말을 잘 받아들일 테니까요.

눈을 감고 있어도

눈을 감고 있어도
알 수 있어요

날 안아주는 따뜻한 냄새
바로 바로 할머니 냄새

솔솔 맛있는 음식 냄새
바로 바로 엄마 냄새

쿰쿰한 땀 냄새
바로 바로 아빠 냄새

마당 위를 뒹굴던 흙먼지 냄새
바로 바로 멍멍이 냄새

동시를 읽기 전에 잠시 눈을 감고 다른 감각을 일깨워보세요.
멀리서 아이들 떠드는 소리, 몸을 감싸는 따뜻한 공기, 익숙한 우리 집 냄새.
눈을 감으면 더 잘 느낄 수 있는 소박한 풍경입니다.

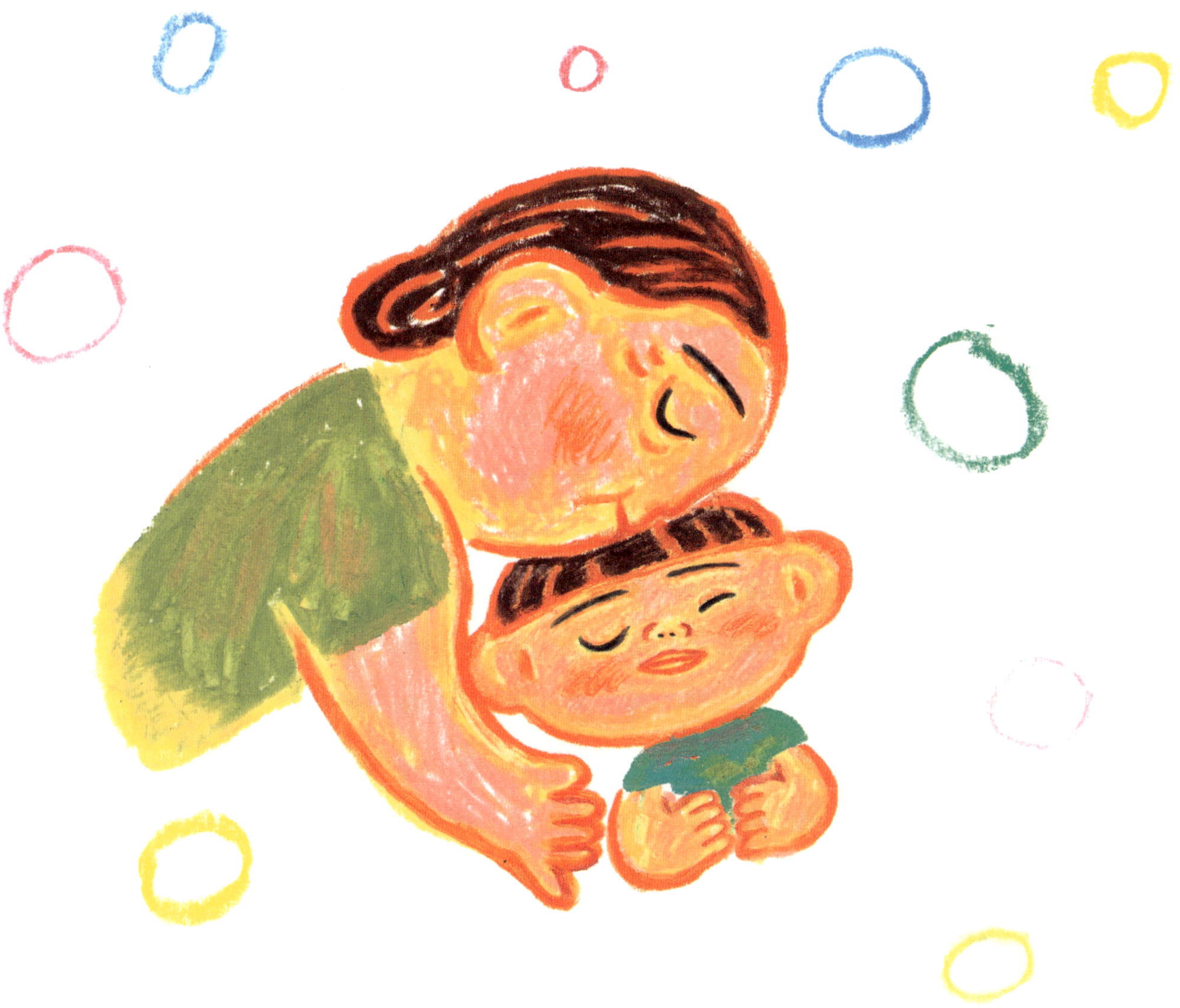

태
담,

한마디

엄마는 한때 행복이란 저 멀리 있는 거라고 생각했어.

목표를 달성했을 때에만 행복해질 수 있는 거라고 여겼지.

높은 성적을 받으면 행복해질 거야, 큰 회사에 들어가면 행복해지겠지,

좋은 남편감을 찾아 결혼하면 행복해질까…….

의구심을 가지면서도 언제나 열심히 달리기만 했단다.

마치 환상의 파랑새를 찾던 동화 속 틸틸과 미틸 남매처럼 말이야.

엄마의 마음이 변한 것은 아빠와 너를 만나고 나서부터란다.

환상 속의 화려한 궁전이 아닌 지금 이 순간의 소박하고 평범한 일상이

진정한 행복임을 깨달은 거지.

할머니와 함께하는 낮잠 시간, 엄마가 요리하는 일상적인 모습,

아빠가 회사에 갔다가 돌아와 너를 껴안을 때의 포근함.

이런 소소한 것들이 바로 행복의 모습이란다.

아가야, 큰 꿈을 갖는다고 해서 부디 소박한 행복을 간과하지 말렴.

행복을 가져다주는 파랑새는 언제나 네 곁에 있으니까!

아빠 이야기를 들려주세요

"아빠도 눈을 감고 나를 느껴보세요. 엄마 배에 손을 대고 나를 부른 다음 귀를 대볼래요? 내가 움직임으로 대답하는 걸 들어주세요. 아빠가 배에 손을 대면 나도 거기에 손을 대볼게요. 그대로 내게 나지막이 노래를 불러주세요. 눈을 감으면 아빠가 더 잘 느껴져요. 아빠도 그런가요?"

시각은 다른 감각보다 강렬합니다. 그래서 사람들은 무언가를 더 잘 느끼고 싶을 때 눈을 감곤 하지요. 태아와 대화할 때도 한번 눈을 감아보세요. 눈을 감아도 밝아서 집중이 되지 않는다면 자기 전에 불을 끈 상태에서 대화해도 괜찮습니다. 배에 손을 대고 부드러운 말투로 자장가를 불러주세요. 아빠가 좋아하는 선율을 허밍으로 읊조려도 좋습니다. 촉각, 후각, 청각이 평소보다 배로 살아나서 새로운 느낌이 들 거예요.

"떨어져 있을 때면 아빠가 무슨 일을 하는지 무척 궁금해요. 아빠가 하는 일은 어떤 일이에요? 나는 커서 무슨 일을 하게 될까요?"

아빠가 하는 일에 대해서 아기에게 설명해주세요. 아기를 위해 어떤 일을 열심히 하고 있는지 이야기하면 된답니다. 태담이란 즐거운 마음으로 편안하게 얘기하는 것이 최우선이니, 질문에 '대답'을 한다는 느낌보다는 아기에게 말을 거는 느낌으로 대화를 나누면 돼요. 아기가 커서 어떤 심성을 가지고 어떻게 살기를 바라는지도 차분히 이야기해보세요.

하나의 냄새

어디선가 맡아본 듯한 냄새

이 냄새의 기억을 따라가보면
어린 내가 있고
엄마가 있다

시장 길에서였을까?
동네 구멍가게에서였을까?
옆집 아주머니 댁에서였을까?

냄새가 가져다주는 기억
어린 시절의 냄새

 후각은 기억과 밀접하게 연결된 감각입니다. 어린 시절을 떠올려보세요. 엄마가 구워주던 카스텔라 냄새나 아빠 방에서 나던 곰팡이 핀 책 냄새가 먼저 다가오지 않나요? 엄마와 아빠가 크게만 보이던 어린 시절을 떠올리며 읽어봅시다.

태
담,

한마디

엄마의 엄마, 너희 외할머니는 포근하신 분이었어.

저녁 시간도 잊은 채 놀던 개구쟁이 엄마에게

"아가, 얼른 밥 먹으러 가자."라고 말씀하시고 손을 잡아주셨지.

엄마의 아빠, 너희 외할아버지는 인자하신 분이란다.

추운 겨울날 새벽, 엄마를 위해 눈사람을 만들며 손을 호호 부셨어.

엄마는 지금도 가끔 어린 시절을 떠올리며 웃음 짓곤 해.

엄마가 이렇게도 많은 사랑을 받아왔음에 새삼 감사하기도 하지.

듬뿍 받아온 두 분의 사랑은, 지금도 네게 전해지고 있단다.

우리 아가를 위해 엄마는 포근하고 인자한 사람이 되도록 노력할 거야.

아가야, 외할머니와 외할아버지를 닮은 엄마가

어릴 적부터 받은 사랑을 차곡차곡 모아

세상 그 누구보다도 너를 사랑해줄게.

아빠 이야기를 들려주세요

"아빠의 엄마와 아빠, 나의 할머니와 할아버지는 어떤 분인가요? 나의 탄생을 손꼽아 기다리고 계신가요? 아빠와 어떤 점이 닮았는지도 알려주세요!"

조부모님이 계시다는 것은 크나큰 축복입니다. 태어날 아이에게 친족이라는 큰 울타리가 존재하는 것이니까요. 결혼해서 아기를 가지면 아무래도 부부 중심의 생활을 하게 되지요. 가끔은 태아를 통해 부모님을 떠올리고 공경하는 마음을 갖는 건 어떨까요. 나를 잉태했을 때 우리 부모님이 이런 기분이셨겠구나, 하고 말입니다. 아기에게도 이런 마음을 전해주세요. 할아버지와 할머니가 아기를 얼마나 기다리고 있는지, 얼마나 사랑하는지도 꼭 전해주시고요!

"아빠, 어린 시절부터 좋아하는 그림책이나 시집이 있나요? 아빠 목소리로 읽어주세요!"

태아와 어떻게 이야기를 나눌지 감이 잡히지 않는다면 우선 책을 읽는 것부터 시작합니다. 이 책에 나온 동시를 읽어주는 것도 좋고, 평소 아빠가 암송하고 있는 시를 들려주는 것도 좋아요. 혹시 그림책을 사두었다면 그걸 꺼내서 천천히 또박또박 읽되, 대화하는 부분은 실감나게 읽어보세요. 엄마가 불편해하거나 지루해하면 그 감정이 아기에게 전달되니 가능하면 엄마도 즐겁게 들을 수 있는 내용을 고르도록 합니다.

봄 냄새

평퍼짐한 잠을 자는
겨울날의 곰

곰을 깨우는
단 하나의 냄새

어린잎들이 코를 간질이는
봄이 다가오는 냄새

 계절에도 냄새가 있어요. 창문을 살짝 열고 바깥 공기를 한껏 들이마셔 보세요.
지금은 무슨 계절인가요? 어떤 냄새가 나나요? 아기에게 이 느낌을 전달해볼까요?

태
담,

한마디

길가에 반쯤 피어난 풀꽃,

바쁘게 날개를 손질하는 작은 새,

열심히 돌아다니며 먹이를 나르는 개미,

이슬 맺힌 풀잎을 힘겹게 가로지르는 달팽이,

바람 타고 온 후끈한 남쪽 나라 냄새.

널 가진 이후 엄마가 새롭게 알아낸 세상이란다.

가만히 몸을 낮추고 주위를 둘러봤더니

이곳에 작은 우주가 있지 뭐니.

우리 아기가 태어나 아장아장 걸을 때

가장 먼저 만나게 될 세상이 바로 여기겠지?

아가야, 미리 인사해볼래?

세상아 안녕, 곧 내가 만나러 갈게, 하고 말이야.

아빠 이야기를 들려주세요

"아빠, 오늘 날씨는 어땠나요? 하늘은 무슨 색이었고 바람은 어떻게 불었어요? 엄마 배 속은 늘 따뜻해서 날씨 가늠이 안 될 때가 많아요. 아빠가 얘기해주세요!

처음 태담을 나눌 때 아빠들이 가장 편안하게 느끼는 주제가 무엇일까요? 바로 날씨 얘기랍니다. 하루하루 변하는 날씨에 대해서 입을 떼는 연습을 하면 태담이 조금 더 쉽게 느껴지지요. 아기에게 할 말을 찾기 어렵다면 우선 오늘 날씨가 어땠는지 차근차근 설명한 다음, 아기는 어떻게 느꼈는지 물어보세요. 처음에는 날씨에 대해서만 얘기하겠지만 이렇게 대화의 물꼬를 트고 나면 조금씩 다른 이야기도 편안히 하게 된답니다.

"밤하늘을 올려다보면 반짝반짝 별이 보여요. 아빠의 별자리, 엄마의 별자리도 보이나요? 나는 어떤 별자리의 아이로 태어나게 될까요?

밤은 우리를 둘러싼 우주를 가장 가까이 느낄 수 있는 시간입니다. 가끔은 밤하늘을 올려다보며 태아와 대화를 나눠보세요. 이 넓은 우주, 이렇게 많은 사람 중에서 아빠와 엄마에게 와준 특별한 아기가 사랑스럽게 느껴지지 않나요? 북두칠성이나 북극성을 아이와 함께 찾아보며 별에 얽힌 전설을 이야기하는 것도 좋고, 아빠 엄마의 별자리에 대해 얘기해주는 것도 좋습니다. 아이에게 아빠 목소리로 우주라는 큰 세상을 보여주세요.

엄마
아빠의

실전 후각태교

 **태교법 하나. 공원이나 숲으로 산책을 떠나요**

혈액 순환과 기분 전환을 위해 많이들 하는 태교 중 하나가 공원이나 숲을 산책하는 것이지요. 산책은 후각태교 실천법으로도 좋답니다. 예로부터 임신부는 소나무 냄새나 매화 향 같은 은은한 향을 많이 맡으라고 했습니다. 태아가 자연의 향기를 아주 좋아하기 때문이지요. 실제로 꽃향기나 나무, 풀, 흙냄새 같은 소박하고 싱그러운 냄새가 아기의 마음을 안정시키고 정서적으로도 편안한 느낌을 준답니다.

　뿐만 아니에요. 공기 좋은 곳에서 산책하면 그냥 앉아 있을 때보다 산소 공급량이 두 배 이상 늘어나는데, 엄마가 들이마신 깨끗한 숲 속 공기가 탯줄을 통해 아기에게 전해져 뇌세포를 활성화하고 태아의 두뇌 발달을 더욱 활발하게 합니다.

공원이나 숲을 거닐면 엄마에게도 긍정적인 에너지가 차오릅니다. 심폐 기능과 혈액 순환이 좋아져 요통과 다리 통증이 완화되는 효과를 볼 수 있고, 싱그러운 녹음이 임신 우울증을 해소하는 데도 상당한 도움을 줍니다.

최근에는 '숲 태교'라는 것이 조금씩 생겨나고 있습니다. 수목원이나 나무가 많은 공원에서 산책하며 나무에 직접 몸을 대본다거나 자연의 향기를 맡는 등 오감태교를 하는 것입니다. 따뜻하고 친절한 자연의 냄새를 맡고, 물소리, 나뭇잎이 바람에 흔들리는 소리, 새소리 등 생명의 소리를 듣거나 흙과 돌을 밟고 만지며 포근한 자연의 감촉을 느끼는 것이지요. 사정상 숲에 가는 것이 어렵다면 가까운 가로수 길이나 한적한 골목길을 걷는 건 어떨까요. 평소에 무심히 지나쳤던 나무, 꽃, 돌, 풀을 하나씩 만져보고 냄새 맡으며 아기에게 말을 걸어보세요. "엄마, 나 기분 좋아요~!"라고 말하는 것처럼 더 활기찬 태동으로 대답할 테니까요.

 둘. 임신부를 위한 아로마 요법

임신 중에는 몸의 변화가 다양하게 나타납니다. 입덧을 하고 변비에 걸리거나 극도로 우울감에 빠지기도 하며 온몸이 부풀어 오르는 듯한 부기 증세도 경험합니다. 이런 갑작스런 변화에 엄마들은 당황하거나 예민한 반응을 보이곤 합니다. "임신하면 다 그런 건가?"하고 이해하며 넘어가려다가도 누군가 "임신하면 다 그래."라고 하면 울컥 화가 나고 속상해지기도 하지요. 하지만 임신하면 다 그렇다는 말 때문에 힘든 것을 억지로 참을 필요는 없습니다.

임신부를 위한 아로마 요법은 엄마의 불편한 증세를 완화하여 엄마와 태아 모두 정서적으로 평화로운 상태로 만들어주는 효과적인 천연 향기 요법입니다. 아로마테라피(Aroma Therapy)나 향기 요법이라고도 불리는 아로마 요법은 식물에서 추출된 식물의 정수를 이용해 임신으로 인한 불편감을 완화하는 데 큰 도움을 줍니다.

실질적으로 자주 쓰이는 방법으로는 에센셜오일의 향기를 그대로 맡는 방법, 오일을 희석해 마사지하는 법, 그리고 목욕물에 3~5방울 떨어뜨려 후각과 피부를 통해 기분을 환기하는 방법이 있습니다. 특히 아로마테라피를 이용한 목욕법은 극심한 감정 기복과 출산에 대한 두려움으로 예민해진 산모의 심리적 안정을 도모하고 피로 해소에 탁월한 효과를 기대할 수 있습니다.

라벤더 에센셜오일은 면역력을 강화하고 신경을 이완하여 숙면을 유도하고 부기 예방에도 효과적입니다. 대야에 발목이 잠길 정도로 뜨거운 물을 채우고 라벤더나 오렌지 에센셜오일을 한두 방울 떨어뜨린 다음 10~15분 정도 발을 담가보세요. 발의 혈액순환이 좋아지고 피로 회복에도 효과적입니다. 특히 오렌지 에센셜오일은 간의 기운을 원활하게 하여 급작스러운 기분 변화와 우울감을 완화하는 데 좋답니다. 입덧을 할 때

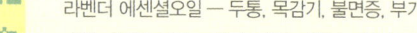
에센셜오일의 종류별 효과

라벤더 에센셜오일 — 두통, 목감기, 불면증, 부기 감소
레몬 에센셜오일 — 입덧, 피부 질환(습진, 부스럼, 간지럼증)

오렌지 · 만다린 에센셜오일 — 혈액 순환
캐머마일 에센셜오일 — 피로 회복, 냉증 완화
장미 · 프리지어 에센셜오일 — 기분 전환, 긴장 완화

는 레몬 에센셜오일을 아주 소량만 물에 타서 입안을 헹궈내면 속이 가라앉고 기분도 상쾌해집니다.

임신 중 아로마 요법은 주의가 필요합니다. 식물 특유의 독성이 임신부와 태아에게 미세하지만 영향을 미칠 수 있기 때문입니다. 최근에는 임신부 스파나 마사지도 많이 이용하는 추세인데, 임신 초기에 아로마 마사지는 되도록 피하는 것이 좋고, 향을 선택할 때도 전문가와 상담한 후 신중히 결정해야 합니다. 보통 임신 6개월이 지나면 소량의 오일로 신체적, 정신적 스트레스와 피곤을 해소할 수 있습니다.

 셋. 향기로운 꽃차를 마셔요

우리나라 산과 들에는 철철이 다채로운 식물이 자라납니다. 그중에서도 꽃은 만인의 눈길을 사로잡는 식물의 백미지요. 매일 숲을 산책할 수 있다면 제일 좋겠지만 상황이 여의치 않다면 숲의 기운을 잠시 빌려와서 즐기는 건 어떨까요. 눈으로 다가와 향기로 남는 꽃을 갈무리해서 차로 마셔보세요. 우리 꽃차는 향기를 가미한 외국 홍차처럼 진한 향이 나지는 않습니다. 하지만 마음을 가라앉히고 후각에 집중하면 바람 한 줌의 향기, 꽃술의 달곰한 냄새, 흐드러진 꽃잎의 여린 향이 은은하게 배어납니다. 엄마가 조용히 차를 음미하며 마실 때 배 속 아기도 차분히 향과 맛을 느낄 겁니다. 우울하거나 졸음이 몰려오는 늦은 오후, 차 한 잔으로 한껏 여유 부리며 심신을 깨우고 아기와 함께 꽃으로 대화하는 시간을 가지는 것도 나쁘지 않겠지요.

🌸 벚꽃차 즐기기

벚꽃은 그 자체만으로 운치 있는 꽃입니다. 벚꽃차는 어렵사리 덖어 말릴 필요 없이 채취하자마자 바로 즐길 수 있어요. 코로는 벚꽃 내음을 음미하고 눈으로는 벚꽃을 즐기며 천천히 마셔보세요.

❶. 벚꽃 10송이를 따 깨끗하게 손질한다.
❷ 찻주전자에 벚꽃을 담고 뜨거운 물 100㎖를 부어 2분 정도 우린다.

🌸 장미꽃차 즐기기

동서고금을 막론하고 꽃의 여왕은 장미지요. 장미꽃에는 비타민C가 레몬보다 17배나 더 들어서 피로 회복과 노화 방지에 효과가 좋아요. 호르몬 균형을 잡아주어 산후우울증이나 현기증, 구토에도 두루 좋은 약효를 지녔답니다.

❶ 반쯤 핀 장미 꽃잎을 한 잎씩 뜯어 흐르는 물에 살짝 헹군다.
❷ 7장의 꽃잎을 찻주전자에 담고 커피 한 잔 정도의 뜨거운 물을 붓는다.
　 물이 뜨거울수록 향기가 짙다.
❸ 꽃잎이 갈색으로 변하고 찻물이 장미색이 되도록 3분 정도 우린다.

❀ 구절초꽃차 즐기기

그윽한 꽃향과 달콤한 맛이 일품인 구절초꽃차는 몸을 덥히는 효능이 있어 부인병 치료에 좋기로 소문난 차랍니다. 바로 따다 차로 끓여 마시면 청량하고 상큼한 향이 기분까지 즐겁게 만들어주지요.

❶ 꽃 5송이와 잎 달린 줄기 3가지를 헹군다.
❷ 꽃과 줄기를 찻주전자에 담고 뜨거운 물 150㎖를 부어 3분간 우렸다가 마신다.

❀ 난꽃차 즐기기

난은 열매를 맺지 않는 식물이라 영양분을 모두 향기로 발산합니다. 그 덕분에 떨어진 꽃조차 은은한 향기를 지니는 것이 특징이지요. 난꽃의 맑고 그윽한 향기를 맡으면 폐가 깨끗해지고 기침이 멈춘다고 합니다. 류머티즘, 설사, 편두통에도 효과가 있다고 하니 보기에도 즐겁고 몸에도 좋은 차이지요.

❶ 난꽃을 물에 한 번 헹군다.
❷ 녹차 3찻술을 찻주전자에 담는다.
❸ 70℃ 정도로 식힌 물 150㎖를 찻주전자에 붓고 2분간 우린다.
❹ 입이 넓은 찻잔에 차를 따르고 난꽃을 띄운다.

(출처 : 이연자, 「사계절 우리 차」, 알에이치코리아, 2011)

TOP SECRET GUIDE
라마즈 분만법

라마즈 분만법이란?

라마즈 분만법 하면 "히~! 후~!" 하는 호흡법만 떠올리는 경우가 많습니다. 물론 라마즈 분만법에서 호흡이 결정적인 부분을 차지하기는 하지만, 그것이 다는 아니랍니다. 라마즈 분만법은 출산의 고통을 최소한으로 줄이려는 노력에서 시작된 분만법입니다. 출산할 때 고통에만 집중하면 몸이 딱딱하게 굳어버려 자궁문이 더디 열리고 분만이 어려워지며 더 심한 고통이 닥쳐옵니다. 이때 즐거운 기억을 떠올리며 몸을 이완하면 고통이 줄고 분만도 쉬워지지요. 라마즈 분만법은 그래서 연상법, 이완법, 호흡법의 세 가지 과정으로 나뉘어 있습니다. 참고로 라마즈 분만법은 출산의 모든 과정을 남편과 함께 보조를 맞추어 진행하도록 권장합니다.

라마즈 분만법의 세 단계

1. 연상법

가장 즐거웠던 기억, 혹은 평화로운 풍경을 떠올려 편안한 마음을 가질 수 있게 하는 방법입니다. 실제 분만할 때 갑작스레 좋은 기억을 떠올리려 하면 잘 생각나지 않는 경우가 많지요. 그러니 평소에 좋은 기억이나 평화로운 풍경을 생각해두고 반복해서 연상하는 훈련을 틈틈이 해두는 게 좋습니다. 남편과 함께 즐거웠던 기억에 대해 이야기해두면 출산의 고통을 겪을 때 남편이 곁에서 이를 연상하도록 도울 수 있어요.

2. 이완법

우리 몸은 전신이 이완하면 릴랙신(Relaxin)이란 물질의 분비가 많아지고 그로 인해 이완이 더 촉진됩니다. 이완하면 엔도르핀도 많이 분비돼 통증이 줄어들지요. 이완법의 목적은 머리끝부터 발끝까지 온몸의 힘을 빼는 것입니다. 온몸을 이완하려면 관절 부위부터 차근차근 이완하는 연습을 하세요. 우선 손목과 발목의 힘을 풉니다. 손발목이 풀리면 그 다음 팔꿈치와 어깨 관절, 무릎, 고관절, 목을 부드럽게 풀면서 전신의 힘을 뺍니다. 테니스공 2개를 이용하여 근육을 이완하는 것도 좋아요. 목과 어깨를 공으로 가볍게 때리거나 문지릅니다. 허리는 척추뼈를 중심으로 문지르고 옆구리는 아기가 있는 곳이 아닌 부분을 마사지하듯 문지릅니다.

3. 호흡법

라마즈 분만법에서 가장 주된 훈련은 호흡법인데, 기본은 흉식호흡입니다. 호흡법의 주된 목적은 두 가지예요. 첫 번째는 산소를 충분히 공급함으로써 근육 및 체내 조직의 이완을 돕고 태아에게 산소 공급을 원활히 해주는 것입니다. 두 번째는 리듬에 맞추어 호흡하여 진통에만 집중되던 관심을 호흡 쪽으로 분산해 통증을 덜 느끼게 하려는 것이지요. 라마즈 호흡법은 전기 호흡, 중기 호흡, 말기 호흡, 힘주기 호흡, 힘 빼기 호흡으로 나뉩니다. 하나씩 더 자세하게 알아볼까요?

주의 사항

- ❣ 산모의 정상 호흡수 알기.
- ❣ 호흡법은 호흡의 속도를 익히는 것이므로 연습 시 시계로 정확하게 속도를 익혀서 실제 진통 시 대처.
- ❣ 과호흡이 되지 않도록 주의.

■ 전기 호흡법

- 자궁이 약 3cm 정도 열렸을 때 하는 호흡법(2~8시간).
- 산모의 1분 평균 호흡수가 15~23회라고 전제할 때 2.5초 들이쉬고 2.5초 내쉰다.

★ 육체적 변화

- 약한 진통(25~34초, 5~20분 간격).
- 복부 근육이 단단해지며 아프다.
- 미약한 요통, 양수가 나올 수 있다.
- 정상적 활동이 가능하다.
- 이슬이 비친다.

★ 정서적 변화

- 흥분, 기대감, 행복감, 다소 안절부절못함.

★ 남편의 역할

- 안심시키고 병원 갈 준비를 한다.
- 근육을 이완하도록 유도한다.
- 진통 간격과 시간을 잰다.
- 천천히 가슴으로 호흡하도록 유도한다.
- 편안한 자세를 취하도록 한다.
- 허리에 지압을 가한다.

★ 산모의 역할

- 정상 활동, 휴식과 이완, 복부 마사지, 호흡, 연상.

★ 호흡법

- 느린 흉식호흡(정상 호흡수의 1/2~2/3회).
- 자궁 수축의 시작과 끝에 심호흡을 한다.
- 초점을 한군데로 맞추고 정신을 집중한다.
- 근육을 이완하도록 노력한다.
- 자궁 수축 시 손바닥으로 복부 마사지를 한다.

■ 중기 호흡법

- 자궁이 약 8cm까지 열렸을 때 하는 호흡법(2~9시간).
- 1초 들이쉬고 1초 내쉰다. 이 시기는 대략 5분 간격으로 1분 정도 진통이 온다.
- 역시 진통의 시작과 끝은 심호흡을 한다. 호흡이 빠르므로 내쉬지 않고 들이쉬기만 하다가 과호흡이 되기 쉬운 경향이 있는데, 이때는 손으로 입을 막고 심호흡을 하여 페이스를 되찾는 것이 좋다.

★ 육체적 변화

- 진통이 점점 심해지고 길어짐(40~60초, 3~5분).
- 이슬의 양이 증가한다.
- 요통이 있고 골반이 벌어지는 느낌이 들며 자궁 경부가 열린다.

★ 정서적 변화

- 안절부절못한다.
- 점점 진통이 심해짐을 느낀다.
- 의심하고 공포감을 느낀다.
- 옆에 누군가 있어주기를 바라며 진통 시마다 어쩔 줄 몰라 한다.

★ 남편의 역할

- 호흡을 돕는다. 진통의 결과를 15초, 30초로 알려준다.
- 근육이 이완되었는지 확인하고 유도한다.
- 차가운 물수건으로 이마를 닦아주고 거즈를 적셔 입에 물린다.

- 배뇨를 자주 권한다.
- 칭찬하여 사기를 돋운다.
- 통증 부위를 지압하고 마사지한다.
- 편안한 자세를 유지하도록 한다.

★ 산모의 역할

- 호흡법에 따라 호흡한다.
- 근육을 이완한다.
- 골반을 흔든다.
- 자세를 바꿔가며 취한다.
- 배뇨감이 들면 잦더라도 배뇨한다.
- 즐거웠던 추억이나 평화로운 풍경을 연상한다.

★ 호흡법

- 빠른 흉식호흡(정상 호흡수의 1.5~2배).
- 진통 끝에 심호흡을 한다.
- 초점을 한군데로 맞추어 정신을 집중한다.
- 진통이 강해지면 얕고 빠른 호흡을 한다.
- 코로 숨을 들이마시고 입으로 내쉰다.

■ 말기(후기) 호흡법

- 자궁문이 10cm까지 열렸을 때 하는 호흡법(30분~2시간).
- 아이가 산도를 통해 자궁 경부까지 다 내려와 있으며 더욱 많은 산소가 필요할 때다.
- 일명 '히히후 호흡법'을 실시한다. 입을 다문 채 코로만 들이쉬고 내쉬고 들이쉰 다음 후~ 하고 내쉰다. 후~ 하고 내쉴 때는 자신의 폐활량에 따라 적절한 길이로 내쉬면 된다. 역시 진통의 시작과 끝은 심호흡을 한다.

★ 육체적 변화
- 진통이 더 길어지고 강해진다(60초 이상, 1∼3분마다).
- 다리가 뻣뻣해진다.
- 오심과 구토, 얼굴에 땀이 많이 난다.

★ 정서적 변화
- 매우 불안정하다.
- 호흡을 하지 않고 자고 싶어 한다.
- 지시를 이해 못하고 귀찮아힌다.

★ 남편의 역할
- 남편이 가장 필요한 시기이다. 계속해서 정서적으로 지지한다.
- 진통의 경과를 알려준다(15∼30초).
- 호흡을 돕고, 현기증이나 손발이 얼얼하거나 뻣뻣한 과호흡 증상이 있는지 관찰한다.

- 근육을 이완하도록 돕고 물수건을 대준다.
- 분만 진행 정도로 출산이 임박했음을 알려준다.
- 편안한 자세를 유지하도록 하고 통증 부위에 지압마사지를 한다.

★ 산모의 역할
- 호흡법에 따라 호흡하고 즐거운 기억, 평화로운 풍경 등을 연상하며 근육을 이완하도록 노력한다.
- 진통의 흐름을 파도 타듯 통과한다.
- 힘주지 않는다.

★ 호흡법
- '히− 히− 히−' 세 번 짧게 호흡하고, '후——' 하며 깊게 내쉰다. '히−히−히−, 후——'를 반복한다.

■ 힘주기 호흡법

- 자궁 문이 완전히 개방되어 아기 머리가 완전히 보이는 상태이다. 이때는 의식하지 않아도 저절로 힘주게 된다.
- 다리를 최대한 몸 쪽으로 당기고 골반을 넓게 벌리며 턱을 앞으로 당긴 후, 숨을 깊게 들이쉬고 '옵' 하고 10번을 셀 동안 숨을 참으며 힘을 준다. 이때 시선은 자신의 배꼽을 쳐다본다. 이 시기는 대략 1시간 정도 걸린다.

★ 육체적 변화

- 자궁 경관이 모두 열려 진통이 가장 강하고 깊다(50~90초, 1~2분마다).
- 복부에 힘이 저절로 들어간다.
- 회음부가 팽윤되며 아기의 머리가 보인다.
- 대변보고 싶은 느낌이 든다.
- 진통 시 만족스럽게 힘을 준다.
- 질과 회음부가 갈라지는 느낌이 든다.

★ 정서적 변화

- 안도감을 느낀다.
- 저절로 힘을 주고 싶어 한다.

★ 남편의 역할

- 침대를 30° 정도 올린다.
- 머리가 어깨를 지지하도록 한다.
- 의사의 지시에 따라 이완하거나 힘을 주도록 유도한다.

- 칭찬을 하며 출산 진행 정도를 알려주고, 태어날 아기에 대해 연상하도록 유도한다.
- 분만실에 옮길 때 '하─하─하' 호흡을 하도록 한다.
- 산모와 함께 출산의 기쁨을 느낀다.

★ 산모의 역할

- 진통 시 대변보는 기분으로 지긋이 힘을 준다.
- 진통이 없을 때는 이완하고 호흡한다.

★ 호흡법(힘주는 법)

- 진통 시작 시 두 번 심호흡.
- 가볍게 내쉰 후, 다시 숨을 크게 들이마셔 숨을 참고 힘을 준다(속으로 10까지 센다).
- 진통이 끝날 때 두 번 심호흡.
- 힘주지 않을 때(아기 어깨가 나올 때)는 하, 하, 하 입을 벌리고 가볍게 숨쉰다.

■ 힘 빼기 호흡법

- 아기 머리가 나오면 의사가 힘을 빼라고 하는데, 이때 고개를 옆으로 돌리고 '하아하아하아' 하고 소리를 내며 힘을 뺀다. 힘을 빼라고 할 때 힘을 빼지 않으면 아기가 위험해진다.
- 아기가 나오면 탯줄을 자른다. 조금 지나면 태반이 나오는데, 이후 자궁이 작아져서 혹처럼 만져진다.

PART.4

청각
태교

청각,

아기가 가장 흥미를 보이는 감각

엄마 배 속, 대체 어떤 소리가 들릴까요?

우리 몸은 평소에 굉장히 많은 소리를 내고 있습니다. 재채기 소리, 방귀 뀌는 소리, 배에서 나는 꼬르륵 소리, 한쪽 귀를 막으면 나는 심장 뛰는 소리 등, 평소 본인이 알고 있는 소리 말고도 더 많은 소리가 우리 모르게 나고 있습니다. 방금 먹은 음식물이 내장을 통과하는 소리, 하루 평균 1만 2천 회의 호흡 소리, 맥박 뛰는 소리같이 잘 인지하지 못하는 소리들이 바로 그런 것이죠.

이렇게, 나도 몰래 나는 재미있는 몸속 소리를 태아는 엄마 배 속에서 제법 크게 들을 수 있습니다. 우리는 몰랐던 소리가 태아에게는 매우 익숙한 소리인 것입니다. 그뿐인가요? 태아는 엄마 자궁 안에서 엄마의 신체 소리뿐만 아니라 목청 좋은 아빠의 목소리, 방금 다녀간 옆집 아주머니의 수다에까지 부지런히 귀를 기울이며, 주변의 소리를 만끽합니다.

태아의 청각 기관은 양수, 즉 자궁 속 물에 싸여 있습니다. 그런 만큼 외부에서 들리는 소리를 잘 전달하는데, 물속이라 전달 속도가 매우 빠른 반면 소리가 번져 태아에게는 윙윙거림으로 들립니다. 그중에서도 양수를 잘 통과해 태아에게 전달되는 소리는 고음보다는 저음입니다. 아빠가 낮은 목소리로 말을 걸면 아기에게 바로 전달될 거예요.

태아는 어떻게 소리를 들을까요?

태아의 귀는 임신 28주가 지나야 제 모습을 갖추지만, 임신 12주경 내이(속귀)가 완성되면 벌써 자궁 밖에서 나는 소리를 들을 수 있게 됩니다. 이때는 신체 기관의 구심점인 뇌가 형성되는 때인 만큼 태아에게 상당히 중요한 시기랍니다. 청각은 인지력과 감성 발달에 도움을 주기 때문에 두뇌 발달에 매우 밀접한 영향을 끼친다고 할 수 있습니다.

5개월에 접어들면 청각 기능이 본격적으로 발달합니다. 이때 태아의 뇌는 이미 80% 이상 발달한 상태입니다. 임신 5개월은 엄마 배 속에서 나는 여러 소리에 민감한 시기이며, 특히 규칙적인 엄마의 심장 소리에 반응을 보입니다. 만약 엄마가 불안한 상태로 심장이 빨리 뛰는 상황이면 태아도 불안을 느끼게 됩니다. 또한 소리의 의미를 정확히 이해하지는 못하지만 소리의 높고 낮음은 느낄 수 있으니 임신 중 부부 싸움이나 격한 감정을 드러내는 상황은 피해야 하겠죠.

임신 6개월에는 내이 속의 소리 전달 기관인 와우각(달팽이관)이 완성됩니다. 이 시기의 태아는 이제 모든 소리를 들을 수 있으며, 소리를 구별하는 능력을 갖게 됩니다. 들을 수 있다는 것은 정상적으로 뇌의 기능이 운영되고 기억 능력이 함께 형성된다는 것입니다. 태아의 기억과 관련되는 만큼 태교의 중요성을 다시 한 번 강조하게 되는 부분입니다.

8개월에는 소리의 강약을 구분할 수 있는 능력이 생겨 목소리의 강약에 따라 엄마의 기분이 어떤지 알 수 있습니다. 목소리가 크다고 해서 태아에게 나쁜 것은 아닙니다. 목소리에 묻어 있는 좋고 싫은 감정이 태아에게 영향을 끼치는 것입니다.

산모가 가장 많이 궁금해하는 것 가운데 하나가 음향 시설이 잘되어 큰 소리가 나는 영화관에 가면 태아가 놀라지 않을까 하는 것입니다. 결론부터 말하자면 태아는 주변의 소음을 직접적으로 받아들이지 않습니다. 소리에 놀라기보다는 영화 흐름에 따른 엄마의 감정 변화를 전달받게 되니, 너무 자극적이거나 감정 변화가 잦은 영화는 피하는 것이 좋겠습니다.

태아의 청각이 발달할 때 엄마가 지켜야 할 수칙

태아의 청각이 본격적으로 발달하는 5개월에는 엄마의 자궁이 어른 머리만큼 커져 임신한 티가 나며, 태동도 느껴지기 시작합니다. 태동은 물방울이 올라오는 느낌처럼 미약해서 모르고 지나치기도 합니다. 보통 경산부가 초산부보다 태동을 빨리 느끼고, 체중이 많이 나가는 임신부는 조금 늦게 느끼는 편입니다.

이 시기는 갑자기 배가 불러오기 때문에 엉덩이, 허리, 허벅지, 팔, 다리 등 전체에 피하지방이 늘면서 허리선이 없어집니다. 간혹 과식으로 인해 살이 찌기도 하지만 체중 증가는 임신으로 인한 당연한 현상이니 너무 우울해하지 않아도 됩니다. 배가 나오면 옷 입는 것이 불편하니 배를 조이지 않는 편안한 임부복을 구입하여 입도록 합니다.

이때는 추후 수유를 대비하여 유선이 발달하면서 유방이 커지고 초유가 분비되는 시기이기도 합니다. 출산 후 모유 수유를 위한 과정이니 당황하지 마세요. 유선 발달을 위해서는 기존에 착용하던 것보다 넉넉한 임신부용 브래지어를 착용하는 것이 좋습니다. 초유가 나오면 일부러 짜내지 말고 거즈로 분비물만 닦아내세요.

임신 5개월에 태아는 어떤 모습일까요? 이 시기의 아기는 완전한 사람의 형태를 갖추고 있습니다. 손발톱이 자라고 머리카락이 생깁니다. 지문도 생기고 말이죠. 임신 4개월에 비해 양수의 양도 증가합니다. 움직임이 활발해져 양수 속에서 자유롭게 움직이지요. 날이 지날수록 태동은 점차 강해집니다. 입체 초음파를 보면 태아의 다양한 움직임을 목격할 수 있습니다. 손을 빨기도 하고 탯줄을 잡아당겨보기도 하고, 기지개를 켜거나 하품도 합니다. 양수를 삼켰다가 소변으로 배출하는 등 출산 후 신생아처럼 생생한 모습입니다. 스스로 움직이고 감촉을 느끼며 두뇌와 신체가 고루 발달합니다. 아기의 움직임이 강렬해져서 그런지, 이 시기의 엄마들은 아기가 혹시 아들은 아닌지 추측하기도 합니다.

청각이 발달하는 임신 중기는 태아의 성장이 완성되는 단계로, 엄마의 혈액을 통해 더 많은 영양소를 필요로 합니다. 이 때문에 엄마가 빈혈이 생기는 경우가 많죠. 입덧이 심하거나 컨디션이 좋지 않을 때, 아기집이 커지면서 혈액 순환이 원활하지 않을 때도 빈혈이 발생할 수 있습니다. 빈혈에 좋은 영양제는 철분제입니다. 임신 초기에는 철분제로 인해 메스꺼움을 느낄 수 있으니 복용을 피했다가 임신 16주경부터 출산 전까지 복용하는 것이 가장 좋습니다. 철분 섭취와 함께 충분한 수분 섭취도 현기증, 구토 증세 완화에 효과적입니다.

철분이 많은 음식으로는 간, 다시마, 시금치, 지방이 적은 고기, 달걀, 녹색 잎채소,

파슬리, 당근, 생선, 가금류, 당밀, 체리, 브로콜리, 오트밀, 정어리, 말린 과일, 말린 자두, 해바라기씨, 견과류 등이 있습니다. 추가로 특히 임신 중기 태아에게 좋은 음식 세 가지는 태아의 근육 형성을 돕는 육류, 저칼로리 고단백 식품인 버섯, 태아의 두뇌 발육에 효과적인 등 푸른 생선입니다.

태아는 다른 어떤 것보다 소리에 가장 잘 반응합니다

태아에게 적당한 크기의 소리는 청각 기능 발달과 뇌세포를 자극하는 데 도움을 줍니다. 특정한 소리를 반복적으로 들려주면 감수성이 형성되어 출산 후에도 그 소리에 더 반응을 잘하지요.

　　마음이 평안해지는 음악을 들어보세요. 심장 박동과 비슷한 4박자 음악이면 더욱 좋습니다. 태아는 음높이와 강약, 음색을 잘 기억하는 특성이 있어서 음색이 뚜렷하고 음높이가 높은 오보에나 플루트, 트럼펫 선율을 좋아합니다. 이왕이면 그런 음악을 찾아 듣는 것이 좋겠지요.

　　좋은 음악이나 기분 좋은 소리는 아기의 우뇌를 발달시킵니다. 우뇌는 감정과 직관을 감지하는 역할과 그것을 기억하는 역할, 그리고 초기 언어를 받아들이는 역할을 담당합니다. 따라서 청각태교는 추후 언어 발달에 좋은 영향을 미치며 음악적 재능을 형성하기도 합니다. 이와는 반대로 임신 중 아무런 소리도 들려주지 않으면 출산 후 아기의 청각 기능 발달이 늦어질 수 있겠지요.

　　청각태교는 가장 흔히 접할 수 있는 태교법입니다. 잘 알려진 청각태교법으로는 태담, 동화 읽기, 음악 듣기, 동시태교 등이 있습니다. 특히 동시태교는 선조들의 지혜가 담긴 전통 태교법입니다. 옛날 엄마들은 태교를 위해 시를 낭송했다고 합니다. 순수한 내용의 동시를 읽다 보면 일단 엄마의 마음이 편안해지고 그 소리를 듣는 아기도 안정감을 찾습니다. 리듬감과 운율을 자연스럽게 느끼는 사이에 아기의 감성 또한 쑥쑥 자라겠지요. 동시태교가 무엇보다 좋은 이유는 '언어'로 이루어져 아기의 우뇌와 좌뇌를 동시에 발달시킬 수 있다는 점입니다.

태교에 좋은 음악이나 재미있는 청각태교법이 많이 있지만 아기가 가장 좋아하는 소리는 역시 엄마 아빠의 행복한 목소리입니다. 아무리 좋은 음악, 재미있는 이야기라도, 엄마 아빠가 지루하거나 싫증을 낸다면 아기도 아마 지루함에 못 이겨 얼굴을 찡그린 채 쿨쿨 자고 있을걸요. 청각태교에서 명심해야 할 것은 태교가 의무라는 생각보다 엄마 아빠가 즐거운 상태에서, 정말 좋아하는 마음에서 우러나와 동화책을 읽어주고 음악을 들어야 한다는 것입니다. 태교에 좋은 음악을 듣는다고 해도 엄마가 싫증을 내면 듣는 태아에게 오히려 해가 될 뿐입니다. 그것보다는 엄마가 좋아하는 음악을 항상 행복한 마음으로 들으며 아기와 소통하고 공감대를 형성하려는 마음가짐이 필요합니다.

다시 말하지만, 태아가 특히 좋아하는 소리는 엄마 아빠의 목소리입니다. 엄마 목소리는 공기 진동뿐 아니라 산모의 골격이나 신체 조직의 진동을 통해 자궁 밖 소리보다 강하게 전달됩니다. 한편 태아에게는 저음의 소리 전달이 잘되고 안정감을 주는 효과가 있으므로 아빠가 자주 말을 걸고 책을 읽어주는 것이 좋습니다. 여의치 않다면 엄마와 잦은 대화를 시도하세요. 태아도 아빠 목소리를 듣고 익히며 아빠에 대한 사랑을 키워갈 거예요.

졸려요, 졸려

웡웡 강아지가 짖고 있는데
졸려요, 졸려

달각달각 엄마가 설거지를 하는데
졸려요, 졸려

까르르르 동생이 웃고 있는데
졸려요, 졸려

웽웽 파리가 귓가에서 춤추는데
졸려요, 졸려

모든 소리가 섞여 뒤죽박죽인데
졸려요, 졸려

잠 속에서 모든 소리가 지나가고
아무 소리도 안 나요

그러다가
쌔근쌔근 쿨쿨

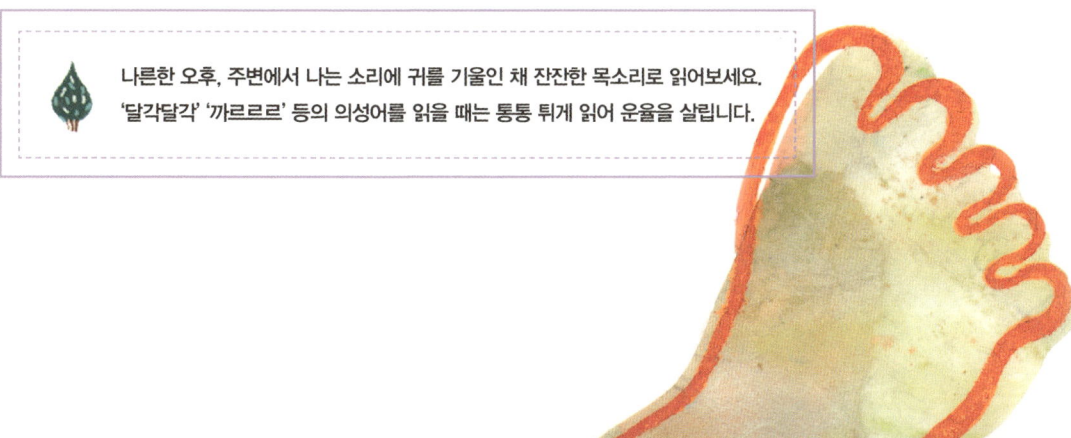

나른한 오후, 주변에서 나는 소리에 귀를 기울인 채 잔잔한 목소리로 읽어보세요.
'달각달각' '까르르르' 등의 의성어를 읽을 때는 통통 튀게 읽어 운율을 살립니다.

태
담,

한마디

아가야, 네가 오고 난 뒤에도 한동안,

엄마는 네 존재를 알지 못했단다.

그런데 그 와중에도 확실히 변한 것이 있었어.

바로 엄마가 잠꾸러기가 되었다는 사실이지!

밤에 충분히 잠을 자는데도 낮만 되면 어찌나 졸리던지,

지나가는 아이들의 왁자지껄한 웃음소리,

옆에서 짖는 강아지 소리가 희미하게 들릴 정도였단다.

그 시기에는 자꾸만 졸려서 깜빡 잠이 들곤 했는데,

그때 벌써 네가 와서 "엄마, 저와 함께 즐겁게 낮잠 자요~!" 속삭였던 거야.

지금쯤 우리 아기는 자고 있을까, 아니면 깨어 있을까?

깨어 있다면 귀 쫑긋 세우고 함께 주변 소리를 들어보자꾸나.

지금 우리 동네에서는 어떤 소리가 들리니?

아빠 이야기를 들려주세요

"아빠, 나는 아침마다 '짹짹' 참새 소리를 들으며 일어나요. 아빠가 좋아하는 동물 울음소리는 뭐예요? 아빠 목소리로 듣고 싶어요!"

아기는 반복되는 의성어나 의태어에 흥미를 느낍니다. 그중에서도 동물 울음소리는 호기심을 자극하는 소리이지요. 호랑이는 '어흥~', 고양이는 '야옹야옹', 병아리는 '삐악삐악', 소는 '음매~' 등의 의성어를 아빠의 굵은 저음으로 흉내 내보세요. 배 속의 태아도 까르르 웃으며 즐겁게 귀 기울일 거예요.

"아빠가 늦게 돌아오는 밤에는 아빠 목소리를 더 많이 듣고 싶지만 금방 졸려져요. 아빠, 오늘 밤에는 나를 위해 자장가를 불러주세요."

남성의 중저음은 여성의 고음보다 태아에게 훨씬 더 잘 전달됩니다. 특히 리듬과 선율을 탄 노랫가락이라면 태아의 귀에 쏙쏙 들어오지요. 아기에게 운율이 있는 동시나 밝은 음색의 동요를 자주 불러주세요. 늦게 귀가한 날이라면 자장가를 불러줘도 좋답니다(p.179 참조).

소나기

우우우웅
멀리서 구름 몰려오는
소리가 들리네

토옥토옥
빗방울 떨어지면

우산과 장화로 무장한 내가

저벅저벅
빗길을 걸어요

배를 살짝 두드리며 태아에게 리듬감을 전달해볼까요?
'우우우웅'에서는 배를 빠르고 가볍게 두드리고 '토옥토옥'에서는 운율이 살게 두드리세요.
'저벅저벅'에서는 조금 시차를 두어 두드리면 아기도 동시를 실감나게 들을 수 있답니다.

태
담,

한마디

흔히들 맑고 화창한 날을 좋은 날씨라고 표현하지만

엄마는 소나기 내리는 날도 좋아한단다.

다른 비와 달리 소나기는 여름에 자주 있는 조금 격한 날씨야.

갑작스레 우르르 몰려와 쏴아 비를 뿌리고 금세 물러나지.

후끈후끈 뜨거운 열기로 가득 찬 한여름 낮에 소나기가 쏟아지면

그렇게 시원하고 청량할 수 없어.

우리 아기는 어떤 날씨를 좋아할까?

푸른 하늘에 둥실둥실 뭉게구름 떠가는 맑은 날이 좋니?

아니면 공기마저 자욱하게 가라앉은 안개 낀 날이 좋니?

우르릉 꽝꽝 천둥 치고, 번쩍 번개 치는 날이 좋니?

네가 태어나서 겪을 수많은 날씨를 엄마 배 속에서 미리 경험해보렴.

아무리 무서운 날씨라도 엄마가 지켜줄 테니, 염려 말고!

아빠 이야기를 들려주세요

"아빠, 나는 아빠의 목소리만 듣는 게 아니에요. 지각한 아침 쿵쾅거리며 뛰어나가는 발소리, 위잉~ 면도하는 소리, 엄마 볼에 쪽 하고 뽀뽀하는 소리로 아빠를 느끼고 있답니다. 나는 엄마가 듣지 못하는 엄마 소리도 들어요. 심장이 뛰는 소리, 피가 흐르는 소리, 배가 고플 때 꼬르륵~ 하는 소리도 들리죠. 아빠도 엄마 배에 귀를 대고 내가 듣는 소리를 함께 들어보세요!"

태아의 청각은 비교적 빠른 시기부터 발달합니다. 그중에서도 가장 직접적으로 들리는 것은 엄마 몸이 내는 소리이지요. 아기가 어떤 소리를 듣고 있는지 엄마 배에 살짝 귀를 대고 들은 다음 아주 가까운 곳에서 "아가야, 아빠는 이런 소리가 들려~!" 하고 말을 걸어보세요. 가깝게 들리는 아빠 목소리에 아기가 기뻐하며 태동할지도 모릅니다.

"아빠가 없을 때도 아빠 목소리를 듣고 싶어요! 지금 휴대전화 동영상이나 녹음기에 아빠 목소리를 담아주세요. 엄마와 내가 둘이서 있을 때 살짝 꺼내 들을게요."

태아는 기본적으로 엄마와 함께 생활합니다. 그래서 엄마 목소리는 늘 듣지만 아빠 목소리는 자주 들을 수 없답니다. 지금, 아기에게 하고 싶은 말을 짧게나마 녹음해보세요. 스마트폰이나 MP3 기기 등에 녹음해두면 아빠가 곁에 없어도 아빠 목소리를 들으며 애정을 돈독히 할 수 있어요. 마지막에 "사랑한다, 우리 아기!" 라는 말을 잊지 마시고요.

귀 기울이면 들려요

포슬포슬
눈내리는 소리

꼼지락꼼지락
발가락 움직이는 소리

살금살금
숨바꼭질하는 소리

뻐끔뻐끔
물고기 숨 쉬는 소리

살랑살랑
바람에 깃털 날리는 소리

흐물흐물
지렁이 지나가는 소리

폴짝폴짝
소금쟁이 물 위를 뛰어가는 소리

스르륵스르륵
고양이 두 마리 몸 비비는 소리

쌔근쌔근
아기가 자는 소리

 재미있는 말이 반복되는 동시입니다. 엄마 배에 손을 대고 아빠가 읽어주세요. 웅얼거리거나 작게 읽으면 태아에게는 잘 전달되지 않으니 부드러운 목소리로 정확하게 읽습니다.

태
담,

한마디

아주 작은 소리는 귀에 잘 들리지 않아서

없는 소리라고 생각하게 마련이지.

하지만 사랑을 담아 조용조용 귀 기울여봐.

이전에는 들리지 않았던 것들이 조금씩 들리기 시작할 거야.

엄마는 네가 큰 꿈을 갖되

작은 것들도 소홀히 하지 않는 아이가 되었으면 해.

특히 도움을 청하는 누군가의 작은 목소리를 들었다면

달려가 묵묵히 도와주는 바르고 강한 사람이 되길 바란단다.

그러기 위해서는 선한 마음을 갖고 주변을 돌아볼 수 있어야 해.

엄마도 오늘부터는 조금 더 즐거운 마음을 갖고

긍정적인 시선으로 주위를 돌아볼 테니,

엄마와 함께 세상을 조금 더 따뜻하게 만들어보자.

아빠 이야기를 들려주세요

"귀 기울이면 아빠가 내는 작은 소리도 들릴까요? 아빠, 작은 소리부터 중간 소리, 큰 소리까지 차근차근 목소리를 키워서 말을 걸어주세요!"

태아는 적당히 크고 정확한 목소리를 제일 좋아한답니다. 하지만 작다고 아예 못 듣는 건 아니에요. 우선 엄마 배에 손을 대고 작은 목소리로 속닥속닥 얘기해보세요. "아가야, 아빠 목소리 들리니?" 그다음에는 점점 목소리를 크게 내는 거예요. 아기가 반응을 보이는 때가 있다면 즐겁게 대화를 나눠보세요.

"자연의 소리는 언제 들어도 마음이 편해져요. 아빠와 같이 산책에 나서면 아빠 목소리도 같이 들을 수 있어서 즐겁답니다. 아빠, 함께 산책 나가서 바깥 풍경이 어떤지 얘기해주세요!"

가까운 공원으로 아내와 함께 짧은 나들이를 떠나보세요. 그때 주변에서 펼쳐지는 일들에 대해 태아에게 이야기하고, 아기의 반응을 이끌어낼 수 있는 질문을 곁들입니다. 태담을 나눌 때는 일방적으로 간단하게 끝내지 말고, 아기의 의향을 묻거나 관심을 기울이는 표현을 섞는 게 좋답니다. 예를 들어 "지금 새가 날고 있네." 하고 끝내는 것이 아니라 "새가 지저귀며 날아다니는데, 혹시 소리 들리니? 나중에 우리 아기가 나오면 아빠와 함께 다시 이 공원에 와서 새 소리를 함께 들어보자."라는 식이지요.

애벌레와 나

애벌레와 얘기했다

소곤소곤
내가 귓속말로 물어보면
꿈틀꿈틀
애벌레가 대답한다

속닥속닥
내가 고민을 털어놓자
꼬물꼬물
애벌레가 내 손 위에 올라와 위로한다

나와 친구가 된 애벌레

 아기의 가장 친한 친구는 바로 곁에서 돌봐주는 엄마 아빠지요.
배 속에서 엄마 목소리를 들으며 꼬물꼬물 움직이는 아기를 상상하면서 읽어주세요.

태
담,

한마디

네가 엄마에게 온 날, 엄마에게는 누구보다도 특별한 친구가 생겼단다.

그 친구는 엄마에게 설렘이 무엇인지 가르쳐주었어.

그 친구를 생각하면 가슴이 뛰고 얼른 만나고 싶어지거든.

그 친구는 또 엄마에게 따뜻한 마음을 선물했어.

그 친구를 만난 이후부터 엄마는 세상을 모두 품을 정도로 다정해졌거든.

그 친구는 엄마에게 가족의 의미가 무엇인지도 알려주었지.

할머니, 할아버지, 네 아빠가 곁에 있다는 것이 고마워졌으니 말이야.

또, 그 친구는 엄마에게 사랑을 가져다주었단다.

엄마는 그 친구를 만난 이후로 길가의 풀 하나, 돌멩이 하나까지

새록새록 귀엽고 아름다워 보이지 뭐니.

그 친구가 누구인지, 너는 알겠니?

그건 바로 우리 아기, 엄마가 가장 사랑하는 너란다!

아빠 이야기를 들려주세요

Talk To Me Dad!

"아빠, 나는 친구를 많이많이 사귀고 싶어요. 아빠도 친구가 많이 있나요? 아빠의 친구들에 대해서 나한테만 살짝 말해주세요."

배 속에 있을 때부터 부모와 태담을 자주 나눈 아기는 추후 사회성과 친화력이 높다는 연구 결과가 있습니다. 특히 아빠의 참여율이 높을수록 아기의 사회성이 좋았습니다. 아기가 친구들과 잘 사귀었으면 하는 바람이 있다면 태담을 자주 나누는 것이 현명한 방법이겠지요? 이번에는 교우 관계에 대해 이야기해보세요. 친구가 얼마나 중요한 존재인지, 아빠는 어떤 친구를 좋아하며, 아기도 그런 친구를 사귀었으면 한다고 부드럽게 말해주면 됩니다.

"엄마 아빠에게 자주 듣는 단어가 있어요. 이것이 내 이름인가요? 내 이름의 뜻이 뭔지 궁금해요!"

요즘은 대부분 배 속의 아가를 지칭하는 태명이 하나씩은 있지요. 부모는 태명을 부르면서 아기에게 더 친밀감을 느낄 수 있고, 아기도 반복해서 듣는 운율을 기억하게 됩니다. 태명은 누가 지었고 왜 그렇게 지었는지, 어떤 바람이 담겨 있는지 아기에게 얘기해주세요.

여름밤 합창단

개골개골
논밭의 개구리

찌르르찌르르
풀 위의 귀뚜라미

매앰매앰
고목나무 매미

위잉위잉
거실의 선풍기

똑똑한 아이 만드는 뇌 태.

휘이익휘이익
동생의 휘파람 소리

모두 모두 둘러앉아
여름밤을 노래하네

 동시를 읽으면서 구체적인 상황을 상상해보세요.
엄마가 느끼는 감정을 아기도 함께 느낄 수 있답니다.

태
담,

한마디

새가 지저귀고 시냇물이 흐르는 소리를 들으면 마음이 편안해지고,

빵빵거리는 자동차 경적 소리를 들으면 순식간에 긴장해버리고 마니

소리란 참 신비한 힘을 가졌지?

엄마는 네게 좋은 소리만 들려주고 싶어서

마음이 잔잔해지는 음악을 자주 듣고, 산책도 자주 다닌단다.

우리 아기도 엄마가 듣는 소리를 함께 듣고 있는지 궁금하구나.

엄마의 목소리는 우리 아가에게 어떻게 들리니?

너를 가진 후부터 엄마는 예쁜 말, 고운 말만 쓰려고 노력하고 있어.

옛사람들은 말에도 힘이 있다고 믿고,

아기를 가진 사람은 늘 고운 마음씨를 담은 바른말을 써야 한다고 일렀거든.

엄마의 사랑이 목소리에 실려 네게 닿기를

엄마는 오늘도 간절한 마음으로 소망한단다.

언제나 사랑해, 우리 아가야!

똑똑한 아이 만드는 뇌 태교동시

아빠 이야기를 들려주세요

"엄마와 아빠가 대화하는 것을 듣고 있자면 다정한 엄마 목소리와 활기찬 아빠 목소리가 어우러져 노래하는 것처럼 들릴 때가 있어요. 나를 위해서 엄마와 함께 밝은 동요를 합창해주세요!"

태담을 나눌 때뿐만 아니라 어느 순간이든 아기는 바깥 세계의 소리를 듣고 있습니다. 부부가 서로 말을 할 때는 언제나 다정하게 배려하면서 이야기하세요. 아빠 목소리를 듣고 엄마 기분이 좋아지면 아기는 아빠 목소리를 '좋은 소리'로 인식하고 추후 아빠를 더 편안하게 대한답니다. 가끔은 엄마와 함께 동요를 불러주는 것도 좋아요. 어색하다고요? 걱정 마세요. 어색하게 부르다 결국 웃음꽃이 터지는 즐거운 분위기마저 아기에게 전달될 테니까요.

"아빠와 하루 종일 함께 있고 싶지만, 아빠를 만나는 건 주로 저녁 무렵이네요. 오늘은 아빠가 좋아하는 음악을 함께 들으며 잠들고 싶어요."

아기와 태담을 나누는 것은 언제든 효과적입니다. 직장 생활을 하는 아빠라면 퇴근 후부터 밤 11시까지 언제든 아기에게 말을 걸어보세요. 다만 밤 11시가 지나면 아기도 피곤해지고 수면 리듬이 깨질 수도 있으니 늦게 퇴근한 날이라면 억지로 이야기하기보다 바로 잠들 수 있도록 조용한 클래식을 함께 듣는 게 나아요. 편안하게 누워서 엄마 배에 손을 대고 함께 음악을 감상하면 됩니다.

소나기 쏟아지자

두둑두둑
소나기 쏟아지자

푸드덕
새 한 마리 날아오르네

그 소리에
깜짝 놀란 강아지

까강까강
왕왕

 그동안 클래식을 자주 들어왔다면 이번만큼은 국악을 들어보는 게 어떨까요.
우리 국악은 자연에 가까운 파동을 지닌 음악입니다.
국악 한 소절을 잔잔하게 감상한 다음 동시를 읽어주세요.

태
담,

한마디

옛날부터 우리나라에서는 막 태어난 아기를 한 살로 인정했어.

조상님들은 엄마 배 속에서 아기가 자라나는 기간마저 소중히 여겼던 거란다.

그러니 '태교'라는 말도 우리 민족에게는 낯선 말이 아니었지.

예전 왕비님들은 아기가 생기면 국악을 들으며 마음을 안정시켰다고 해.

엄마가 오늘 들은 음악이 바로 국악이란다.

많이 듣지 않던 곡이라 조금 낯설지만

네 심장 박동과 비슷해서 금세 마음이 편안해졌을 거야.

어때, 조상님의 지혜가 물씬 느껴지지?

우리 아가도 조상님의 슬기로운 생각을 물려받았으면 좋겠구나.

아빠 이야기를 들려주세요

"아빠, 나는 여러 가지 소리가 듣고 싶어요. 진짜 자연의 소리, 동물 울음소리, 클래식과 가곡, 동요와 국악까지 말예요. 오늘 하루는 아빠가 DJ가 되어주세요!"

음악 감상은 임신 기간 열 달 내내 손쉽게 할 수 있는 태교법입니다. 가장 잘 알려진 것은 클래식 이지만, 사실은 자연의 소리를 바깥에서 '생음악'으로 듣는 것이 가장 좋답니다. 주말에 짬을 내어 소풍을 떠나보세요. 어렵다면 시냇물 흐르는 소리 등 자연의 소리를 담은 CD를 구매해서 들어도 됩니다. 자연이 내는 여러 가지 소리에는 자연 속에서 사는 동식물이 내는 '생명의 리듬'이 있습니다. 일정하지 않지만 미묘한 법칙을 타는 이 리듬은 사람의 마음을 편안하게 만들지요. 가끔은 동요나 국악처럼 자주 듣지 않는 음악을 듣는 것도 색다르고 좋답니다. 우리 전통 악기 소리는 자연의 리듬과 닮아 있어 마음이 산란할 때 들으면 더 좋다고 합니다.

"할머니, 할아버지 목소리는 엄마 아빠와 닮았나요? 삼촌과 이모의 목소리는 어떤가요? 목소리가 커요, 작아요? 굵어요, 가늘어요? 높아요, 낮아요? 아빠는 누구의 목소리가 가장 좋은가요? 가족의 목소리가 궁금해요!"

핵가족으로 살아가는 현대 사회에서 태아는 주변인의 목소리를 자주 듣지 못합니다. 직계나 방계 가족의 목소리를 아기에게 묘사해준 다음, 해당 가족과 전화 한 통 나눠보세요. 가족을 생각하는 따뜻한 마음이 아기에게도 전달될 거예요.

엄마 아빠의

실전 청각태교

 **하나.** 아기에게 좋은 음악을 들려주세요

아기에게 좋은 음악이란 어떤 음악일까요? 평소에 가요를 즐겼던 엄마 아빠라면 태교를 위한 클래식을 감상할 때 뭔가 어색한 기분이 들기도 하겠지만, 처음이라 그렇습니다. 학창 시절 음악 시간마다 잠들었던 생각도 나고 지루하기만 하지만, 주기적으로 반복해서 들으면 어느새 안정감을 느끼게 될 겁니다. 아가도 엄마처럼 편안한 마음으로 미소 짓고 있지 않을까요?

음악 태교를 할 때는 태아의 생활 리듬을 고려해야 합니다. 오래 듣는 것보다는 하루에 20분 정도 일정한 시간에 감상하는 것이 좋아요. 태아기에 음악을 접해본 아기는 감수성과 인지력 발달이 뛰어납니다. 또한 언어 습득을 담당하는 우뇌가 잘 발달하여 말을 빨리 익히기도 합니다. 게다가 뇌에서 엔도르핀이 분비되어 상상력과 창조성도 커지지요.

임신 초기인 3개월에는 엄마의 심장 박동 소리와 비슷한 4박자 음악이 좋습니다. 일정한 리듬이 마음을 편안하게 하니까요. 기분 좋은 소리를 들으면 태아의 뇌가 활성화되면서 α파(고요한 평정 상태를 유지하면서 고도의 각성 상태에 도달했을 때 나타나는 뇌파)가 발생하여 더욱 행복한 상태가 됩니다. 아직 초기이므로 안정감을 느낄 수 있는 음악을 선택하는 것이 좋습니다.

사람의 목소리를 기억할 수 있는 6개월에는 엄마 아빠가 밝은 느낌의 동요를 불러주세요. 훨씬 유대감이 깊어지고 아기도 즐거워합니다.

청각 기능이 거의 완성 단계에 이르는 8개월에는 뇌에서 기억을 관장하는 부위가 기능을 시작합니다. 여러 가지 음악을 구분하고 기억할 수 있으므로 다양한 소리를 들려주되 템포가 너무 빠르거나 높낮이가 강한 곡, 어설픈 이별 노래나 어두운 음악은 피하고 비교적 평온하고 밝은 느낌의 음악을 선택하세요.

참고로 요즘은 국악을 이용한 태교법도 인기를 끌고 있습니다. 뇌파와 심전도 검사 결과, 국악을 듣고 태어난 신생아가 정서도 안정되고 자율 신경계의 밸런스가 잘 맞는다는 연구 결과가 나오기도 했지요. 우리 전통 궁중 음악과 창작 국악 동요는 음악 파동 분석에서도 뇌 자극과 심신 안정에 가장 이상적인 파형(물리학에서는 생명의 리듬이라는 이것을 1/F의 흔들림이라 부르는데, 흔히 새소리, 바람 소리, 파도 소리 같은 자연의 소리에 이 파형이 많음)을 나타냈다고 합니다. 그동안 듣지 않던 음악이라 조금 낯설 수도 있지만, 클래식이나 동요와 함께 국악도 챙겨 들으면 좋겠지요?

❋ 임신 3개월 추천 태교음악

모차르트 — 피아노 협주곡 제 12번 C장조 K467 제2악장 안단테
헨델 — 하프 협주곡 제 1악장 안단테 알레그로
슈만 — '어린이의 정경' 작품 15 제 1곡 '미지의 나라'
포레 — '꿈꾼 뒤에' 작품 7 제 1번
바흐 — G선상의 아리아

❋ 임신 6개월 추천 태교음악

전래 동요 — 우리 집에 왜 왔니? / 여우야 여우야 / 동대문을 열어라
창작 동요 — 퐁당퐁당 / 아기 염소 / 곰 세 마리 / 둥글게 둥글게

❋ 임신 8개월 추천 태교음악

차이코프스키 — '호두까기 인형' 작품 71a '꽃의 왈츠'
드보르자크 — 유머레스크
모차르트 — 아이네 클라이네 나흐트 무지크 (현악 세레나데 G장조 K525) 제2악장
요한스트라우스 2세 — 왈츠 '아름답고 푸른 도나우'
생상스 — 동물의 사육제 13번 백조

똑똑한 아이 만드는 뇌 태교동시

태교법 둘. 아기에게 편지를 쓰고 직접 읽어주세요

갑작스레 아기와 대화하는 게 낯설다는 부모님이 많습니다. 특히 아빠들이 더욱 어색해하지요. 엄마는 그래도 아기와 일상생활을 하며 존재를 조금씩 느끼므로 덜한데, 아빠는 실제적으로 태아를 느낄 수 없기 때문에 낯설 수밖에 없답니다. 이럴 때는 아기에게 편지를 써보세요.

글은 말과 달리 호흡이 느리고 깊어서, 말로는 표현할 수 없었던 진한 감정을 담을 수 있습니다. 연애편지를 썼던 경험이 있다면 금방 아실 거예요. 가끔은 가볍게 지나가는 한마디 말보다 꾹꾹 눌러 쓴 한 줄의 글이 더 깊은 감동을 준다는 걸요.

아기에게 할 말이 떠오르지 않는다거나 어색해서 말하기 부끄럽다면, 편지지를 꺼내세요. 편지지가 없다면 엽서도 좋고 메모지도 좋아요. 다만 정성을 담아 써야 하니 전단지 뒷면같이 금세 버릴 수 있는 종이보다는 깨끗한 종이를 고르는 편이 낫답니다.

처음부터 많이 쓰려고 노력할 필요는 없습니다. 떠오르는 감정을 단편적으로 적어도 상관없어요. 아기에 대한 마음, 현재 엄마 아빠의 심정, 아기를 기다리는 감정 등을 차분히 쓰면 됩니다. 엄마 아빠와 아기만 듣고 볼 내용이니 너무 점잔 빼지 않아도 돼요. 편안한 마음으로 적다 보면 어느새 편지지가 꽉 차 있을 겁니다.

편지를 다 썼다면 엄마 배에 손을 대고 쓴 편지를 천천히 읽어주세요. 아기가 배 속에서 귀 기울여 듣고 있을 거예요. 별거 아닌 행동이지만, 이 과정을 통해 엄마의 감정은 한층 편안해지고 아빠는 부성애가 조금씩 움트기 시작한답니다. 낭독하듯 읽은 다음에 편지를 접고 봉투에 넣은 다음 간직합니다. 나중에 아기가 태어나서 글을 읽게 되었을 때 보여주면 특별한 선물이 될 테니까요.

아가야, 오늘은 네가 처음으로 엄마 배 속에서 움직인 날이야.

그동안 우리 아기가 정말 있는 걸까, 지금쯤 엄마 배 속 어디에 있을까 궁금하기만

했는데, 오늘 처음으로 우리 아기에게 답장을 받은 기분이 들었지 뭐니.

처음 느낀 그 감각에 엄마는 가슴이 벅차올라서 할머니, 할아버지와 아빠에게

당장 연락을 했단다. 아마 너도 들었을 거야.

"예쁜 내 손주, 기운차게 움직였다면서!" 하시는 할머니의 기쁜 목소리와

"아가야, 아빠가 얼른 퇴근할 테니 기다리고 있으렴!" 하고 안절부절못하던

아빠의 목소리를. 누군가는 유난이라고 코웃음 칠지도 모르지만,

엄마 아빠에게는 이런 작은 순간들이 무척이나 소중하단다. 늘 앞만 보며 살던

엄마 아빠가 이렇게 작은 일에 기뻐하게 된 건 모두 우리 아기 덕분이야.

요즘 엄마 아빠는 늘 곁에 계시는 조부모님과 우리를 따스하게 감싸는

자연에 감사하는 마음으로 살고 있단다. 이 모든 것이 너로 인한 일이라는 것이

아직까지도 신기할 따름이야.

아가야, 엄마는 이렇게 작은 것의 소중함을 깨우치던 마음으로

언제까지나 너를 사랑할 거야. 세상에 태어나기 전부터

엄마 아빠의 사랑을 담뿍 받아주렴. 곧 만나게 될 날이 기다려지지 않니?

사랑한다, 우리 아가.

안녕, 햇님아!

우리 햇님이와 엄마를 세상에서 제일 사랑하는 아빠란다.

늘 이런저런 얘기를 나누기는 하지만 편지를 쓰는 건 처음이구나.

오늘은 엄마와 함께 햇님이의 상태를 보러 병원에 가는 날이었어.

초음파 검사 중에 우리 햇님이 얼굴 생김새가 잘 보여서

기쁜 나머지 이렇게 말했지.

"햇님아, 우리 햇님이가 엄마를 쏙 빼닮아서 정말 예쁘구나!"

그랬더니 네가 빨고 있던 손가락을 놓고 방긋 웃어주는 거야.

아빠는 물론 산부인과 선생님과 엄마도 그 모습을 보고 깜짝 놀랐단다.

네가 아빠 목소리에 바로 반응하리라고는 상상도 하지 못했거든.

몇 마디 더 말해보라는 선생님 말씀에 네게 말을 조금 더 걸었어.

"우리 햇님이 오늘 기분 좋나 보네~! 엄마 아빠랑 밖에 나오니까 즐겁니?"

너는 마치 아빠 목소리에 귀를 기울이듯 한참 입을 오물거리며

조용히 아빠 목소리를 들었단다.

그 순간의 기쁨이란 이루 말로 다 표현할 수가 없구나.

평소 아빠가 하는 말을 듣고 있으리라고는 생각했지만,

초음파로 네 얼굴을 보면서 이야기를 하니

정말로 햇님이가 아빠 곁에서 아빠를 바라보고 이야기를 듣는 것 같아서

아빠는 괜히 눈물이 날 듯했어.

이런 아빠의 마음을 우리 햇님이가 알지 모르겠구나.

너를 귀한 존재로 여기고 많은 사랑을 주려고만 했는데,

사실 아빠는 네게 더 큰 사랑을 받고 있었던 거야.

한동안 그 기쁨에 가슴이 먹먹했단다.

햇님아, 우리 귀한 아가야.

앞으로는 아빠가 더 많이 말을 걸게.

더 자주 사랑을 표현하고, 더 자주 웃을게.

우리가 만나는 그날, 아빠가 얼마나 많이 햇님이를 사랑하는지 꼭 말해줄게.

아빠와 엄마의 아기로 와줘서 정말로 고맙다.

사랑하는 아빠가

똑똑한 아이 만드는 뇌 태교동시

임신 12주째, 아기의 내이(속귀)가 형성되면 어느 정도 바깥의 소리를 들을 수 있게 됩니다. 이때는 엄마도 입덧이 점차 가시는 시기라 태교에 관심을 기울이게 되지요. 가장 쉬운 태교법은 음악 듣기지만, 그보다 더 좋은 건 엄마 아빠가 직접 부르는 노래를 들려주는 것이랍니다. 부부가 함께 노래를 부르면 태아가 엄마 아빠의 목소리를 익힐 수 있고, 노래를 부르며 행복해하는 엄마의 감정도 공유할 수 있어요. 물론 엄마 혼자, 또는 아빠가 혼자 불러줘도 좋지요. 사랑받는다는 느낌에 배 속 아가도 함께 노래를 따라 하지 않을까요? 아기에게 불러주기 좋은 몇 가지 노래를 소개합니다.

두껍아 두껍아

두껍아 두껍아 헌 집 줄게 새집 다오
두껍아 두껍아 물 길어 오너라 너희 집 지어줄게
두껍아 두껍아 너희 집에 불났다
쇠스랑 가지고 뚤레뚤레 오너라

나비야

나비야 나비야 이리 날아오너라
노랑나비 흰나비 춤을 추며 오너라
봄바람에 꽃잎도 방긋방긋 웃으며
참새도 짹짹짹 노래하며 춤춘다

우리 집에 왜 왔니?

우리 집에 왜 왔니, 왜 왔니, 왜 왔니
꽃 찾으러 왔단다, 왔단다, 왔단다
무슨 꽃을 찾으러 왔느냐, 왔느냐
예쁜 꽃을 찾으러 왔단다, 왔단다
가위바위보!

자장가

1.
자장 자장 우리 아기 자장 자장 우리 아기
꼬꼬 닭아 울지 마라 우리 아기 잠을 깰라
멍멍 개야 짖지 마라 우리 아기 잠을 깰라
자장 자장 우리 아기 잘도 잔다 우리 아기

2.
금자둥아 은자둥아 우리 아기 잘도 잔다
금을 주면 너를 사며 은을 주면 너를 사랴
나라에는 충신둥이 부모에겐 효자둥이
자장 자장 우리 아기 잘도 잔다 우리 아기

3.
앞동산의 뻐꾸기야 뒷동산의 꾀꼬리야
우리 아기 잠자는데 가만 가만 노래해라
우리 아기 예쁜 아기 우리 아기 착한 아기
자장 자장 잘 자거라 소록 소록 잘 자거라

여우야 여우야

여우야 여우야 뭐하니?
잠잔다
잠꾸러기

여우야 여우야 뭐하니?
세수한다
멋쟁이

여우야 여우야 뭐하니?
밥 먹는다
무슨 반찬?
개구리 반찬

죽었니? 살았니?
죽었다
죽었니? 살았니?
살았다!

작은 별

반짝반짝 작은 별
아름답게 비치네

서쪽 하늘에서도
동쪽 하늘에서도

반짝반짝 작은 별
아름답게 비치네

TOP SECRET GUIDE
직장맘을 위한 임신 중 직장 생활 가이드

임신과 직장 생활, 두 마리 토끼 잡기

직장맘이라면 임신 기간 동안 직장 생활과 가정생활을 함께 해나가야 합니다. 미리 알아두어야 할 것은, 직장에서 받는 업무 스트레스 강도는 그대로인 채 매달 몸이 무거워지므로 직장 생활이 버거워진다는 점입니다. 그러나 나쁜 쪽으로만 생각지 마세요. 적극적으로 대비한다면 임신 기간 중 일어나는 여러 일에 잘 대처할 수 있습니다.

임신한 사실을 알았다면?

직장에 임신 사실을 알림　되도록 빨리 임신 사실을 알려야 합니다. 그래야 방사선에 노출되는 일이나 무거운 짐 등을 들 때 책임을 맡지 않을 수 있습니다. 또한 임신 사실을 알려야 업무 분담에 대해 적극적으로 동료 및 상사들과 논의할 수 있습니다.

출산 및 출산 후 계획을 전달　임신 사실을 알리는 동시에 출산 후 계속 일할 것인지 아닌지, 출산 휴가는 언제부터 받을 예정이며 언제 다시 출근할 것인지를 확실히 알립니다. 전문의들은 보통 임신 36주부터 쉬는 것을 권장하고 있지만, 임신 마지막 달까지 일을 해도 무리 없는 경우도 있으므로 자신의 작업 환경이나 그 밖의 상황을 고려하여 결정하도록 합니다.

변화한 신체 증상에 적응　　임신 2개월에 접어들면서 입덧이 심해지고 몸이 둔해지며, 근무 시간에 집중력을 잃게 됩니다. 임신부로서 당연히 겪는 신체 변화이므로 짜증내지 말고 변화된 신체에 빨리 적응하도록 합니다.

임신 중 직장 생활 노하우

입덧이 심하다면　　대부분의 직장 여성은 임신을 하면서 가장 힘들었던 때로 바로 입덧 시기를 꼽았습니다. 입덧이 심할 때는 '더 이상 회사 다닐 수 없을 것 같아.'라고 생각하기도 하지만 이 시기도 곧 지나가므로 신중히 판단해야 합니다. 입덧이 심하다면 출퇴근 시에 비닐과 함께 작은 수건을 가지고 다니고, 껌이나 사탕을 준비해 냄새를 환기시킵니다. 만약 대중교통을 이용하다가 구역질이 나거나 어지럽다면 내려서 안정을 취한 후 다시 타고 갑니다. 공복감은 입덧을 더욱 심하게 하므로 마른 비스킷이나 초콜릿 등을 책상 위에 준비해놓고 일하는 중간중간 섭취합니다.

출퇴근 시 배 속에 있는 아이가 걱정된다면　　버스나 전철을 타고 다닌다면 손잡이를 꼭 잡는 것이 좋습니다. 특히 버스는 급정거하는 경우가 많으니 단단히 손잡이를 잡고, 너무 긴 시간은 타지 않도록 합니다. 만약 자가용으로 출퇴근해왔다면 임신 기간에는 되도록 대중교통으로 바꿔서 이용하세요. 자가용은 언제 일어날지 모르는 사고를 직접 당할 수 있기 때문입니다.

옷은 어떻게 입고 다닐까?　　직장에 다니는 임신부라면 더욱 복장에 신경 써야 합니다. 임신을 하면 호르몬과 체형의 변화로 힘들고 짜증나서 자신을 돌보지 않을 때가 많은데, 직장 생활을 잘해낼 생각이라면 직장 분위기를 생각해 복장이나 헤어, 메이크업에 소홀히 하지 않도록 하세요. 일반적으로 엉덩이와 무릎 사이로 떨어지는 편안한 블라우스에 레깅스 정도면 무난하며, 폭 넓은 원피스나 A라인의 긴 재킷도 입고 다니기 편합니다. 주변에 먼저 임신 출산을 겪은 직장맘이 있다면 저렴한 가격으로 중고 임신복을 구입하는 것도 좋겠지요.

피곤할 때는 이렇게　　임신과 직장 생활을 병행하는 것은 누가 뭐래도 힘든 일입니다. 따라서 집에 돌아오자마자 집안일을 하기보다는 잠깐 휴식을 취하는 것이 좋습니다. 퇴근 후에는 양다리를 높이고 휴식을 취합니다. 또 직장에서도 휴식 시간을 이용하여 가벼운 체조를 하는 것이 좋아요.

PART.5

視
覺

시각
태교

시각,

가장 마지막까지 자라는 감각

태아는 어떻게 볼 수 있을까요?

깜깜한 엄마 배 속에서 태아가 정말 무언가를 볼 수 있을까요? 결론부터 말하자면 볼 수 있습니다. 여기서 본다는 말의 의미는 눈으로 보는 것이 아니라 뇌로 느낀다는 것을 뜻합니다. 태아가 눈을 뜬 채로 초점을 맞춰서 무언가를 보지는 못하지만 빛의 명암은 느낄 수 있고 빛에 따라 반응합니다.

태아가 빛을 감지한다는 사실을 밝히기 위해 복부에 강한 불빛을 켠 다음 초음파 촬영으로 태아를 관찰한 결과, 임신 7개월 이후에는 대부분의 태아가 빛에 반응하여 꿈틀거렸습니다. 미동이 없던 태아에게서 태동이 생기고, 잠을 자는 태아조차 꿈틀대는 찰나가 발견된 것이죠.

그러나 아직 형태나 사물의 색상에 대한 판별 능력은 없습니다. 색상 판별 능력은 출생 후에도 일정 기간 태아와 같은 상태이며, 이후 조금씩 빛에 익숙해지면 색상을 인식하게 됩니다.

시각은 태아의 오감 중 가장 늦게 발달하는 감각 기관입니다. 태아의 시신경은 임신 22일째부터 전뇌의 양쪽에서 한 쌍이 생성되고 자라기 시작합니다. 인간의 망막에 있는 시세포에서 빛과 색을 구분하는 것은 '간상세포'와 '원추세포'인데, 임신 22주에 이르면 이 두 세포의 형태가 완전히 형성됩니다. 간상세포는 물체의 명암을 구분하고 원추세포는 모양과 색을 인지합니다.

임신 27주가 되면 뇌가 시각에 반응합니다. 그 전까지 닫혀 있던 눈꺼풀이 조금씩 떠졌다 감겼다 하며 세상 밖으로 나올 준비를 합니다. 31주와 32주 사이에는 초점 맞추기 능력과 수직·수평선 탐지 능력이 나타나는 등의 시각 발달을 보입니다. 33주가 되면 동공이 확대되거나 축소되며 엄마가 밝은 곳에 있을 때는 형체를 분간할 수 있습니다. 마지막 달인 36주와 40주 사이의 태아의 행동을 살펴보면 청각 자극보다 빛의 자극에 더 반응한다고 하니 정말 신기하지요.

시각이 가장 늦게 발달하는 이유는 자궁 속이 어두운 곳이라 그렇습니다. 하지만 산모의 피부나 자궁은 아주 밝은 빛은 투과시키기 때문에 햇살 좋은 낮에 엄마가 일광욕을 즐기면 자궁 속은 밝은 주황빛을 띠게 됩니다. 오랫동안 눈부신 빛을 쬐면 태아는 손가락을 빨기 시작하지요. 손가락 빨기는 자연스러운 현상이지만, 이런 경우는 태아가 불안감을 느끼기 때문입니다. 밝은 곳을 피해 다시 주위를 어둡게 해주면 태아는 손가락을 입에서 뗍니다. 태아도 빛을 느낀다는 것과 함께 너무 밝은 빛이 태아의 불안과 관련이 있다는 것을 알 수 있는 부분입니다.

태아의 시각이 발달할 때 엄마가 지켜야 할 수칙

시각이 발달하는 8개월, 태아는 뇌가 발달하며 조직 수도 증가하고 크기도 커집니다. 매끈했던 뇌에 주름이 잡히고 신경과 연결되어 더욱 발달합니다. 태아는 뇌의 신호를 직접 받아 스스로 행동을 조절할 수 있게 됩니다. 이 시기 두뇌 발달에 좋은 음식으로는 DHA가 다량 함유된 등 푸른 생선, 들깨, 호두 등이 있으니 챙겨 드시면 더 좋습니다.

한편 이 시기는 태아의 골격과 관절, 근육이 상당히 발달하는 때이기도 합니다. 형성된 골격과 근육을 다지기 위해서는 망간과 크롬이라는 영양분이 필요합니다. 골격을 만들고 유지하는 망간은 녹색 채소와 호밀빵에, 성장을 돕는 크롬은 현미, 모시조개, 대합, 닭고기 등에 많이 함유되어 있습니다. 참고로 이 시기, 발달한 근육과 활발한 움직임에 반해 양수는 그다지 증가하지 않습니다. 그래서 아기가 움직이면 자궁벽에 부딪히는 일이 잦아져 엄마가 깜짝깜짝 놀라는 경우가 생기곤 하지요.

피부는 검붉은 빛깔에서 다홍빛으로 변하고, 아래위로 붙어 있던 눈꺼풀이 서서히 떠지게 됩니다. 태지(태아를 감싸고 있는 지방성의 부착물)가 생기고 솜털도 많아져요. 폐가 완성되면서 태아 스스로 양수 속에서 폐로 호흡하는 법을 연습하는데, 출산 전까지 아직 이 호흡은 불안정합니다.

태아의 시신경이 발달하는 임신 후기에 접어들면 엄마는 점점 배가 늘어나 몸의 중심이 앞쪽으로 쏠리게 됩니다. 앞으로 기운 몸의 중심을 잡기 위해 허리로 몸을 지탱하다 보니 요통은 물론 어깨 결림도 경험하게 되고, 커진 배뿐만 아니라 유방도 팽팽해져 움직이기도 힘들어지지요. 그래서 임신부들은 이 시기에 가장 피곤함을 느낍니다. 출산이 다가올수록 이 증세는 심해지니 엄마는 최대한 허리와 어깨를 굽히지 않으면서 혈액 순환이 잘될 수 있도록 스트레칭을 틈틈이 하고, 아빠는 엄마의 손발 저림을 방지하기 위해 사랑의 마사지를 하도록 하세요.

임신 후기에는 아기가 커지면서 자궁도 커집니다. 자궁 높이가 명치 중간까지 올라오기 때문에 위와 심장, 폐가 압박되어 호흡이 답답해지기도 합니다. 심장이 눌리면서 가슴이 갑갑하고 소화가 잘 안 됩니다. 그러니 음식은 최대한 천천히 꼭꼭 씹어서 먹고, 식사 후 바로 눕는 일은 되도록 피하길 바랍니다. 때때로 배가 뭉친 느낌이 들면서 딱딱해지는데, 많을 경우 하루에 5회 이상 이러한 증상을 느낄 수도 있습니다. 그러나 일시적으로 생기다 사라지므로 크게 걱정하지 않아도 됩니다.

신모가 이때 가장 조심해야 할 것은 임신중독증입니다. 부종, 단백뇨, 고혈압과 같은 증상을 동반하는 임신중독증은 임신 8개월 이후에 가장 잘 나타납니다. 이 병은 모체에도 악영향을 미치지만 자칫하면 태아마저 미숙아나 정신박약아로 만들 수 있으므로 정기 검진을 통해 사전에 예방하고 조기 발견하여 빨리 치료할 수 있도록 해야 합니다. 임신중독증을 예방하려면 맵거나 짠 음식과 염분이 많은 음식은 가급적 피하며 체중을 조절하는 것이 좋습니다.

이 시기는 조산의 가능성도 많으므로 충분한 휴식을 취하고 과격한 움직임은 최소화하세요. 성관계는 자궁 수축을 촉진시키니 자제하도록 하고 운동도 관절에 무리가 가는 계단 오르내리기는 하지 않는 편이 좋습니다. 아직 40주가 채 되지 않았는데 복부 통증이 오거나 요통이 심해지며 자궁 수축이 규칙적으로 일어난다면 조산일 가능성이 있으므로 바로 병원을 방문하도록 합니다. 기타 조산 징후로는 이슬(혈액 점액성 질 분비물)이 비치거나 질에서 출혈이 있는 경우, 맑은 액체성 질 분비물이 있거나 기타 질 분비물이 갑작스럽게 증가하는 경우를 들 수 있습니다. 이런 증상이 있다면 즉시 의사와 상담하여 조산 위험성이 있는지 확인해야 합니다.

아름다운 것을 보고 엄마 감성이 풍부해지면 아기 감성도 발달합니다

귀여운 아기 사진이나 잘생기고 멋진 연예인 사진을 붙여두고 배 속에 있는 아기가 예쁘게 태어나길 바라며 태교하는 분이 많습니다. 실제로 이렇게 태교를 했더니 아이 외모가 엄마 아빠 유전자보다 월등하게 태어났다고 우스갯소리를 하는 분도 계시고요. 과연 이러한 시각태교가 정말 효과가 있는 걸까요? 결론부터 말하자면 시각태교는 효과적인 태교법입니다. 물론 사진을 보는 것만으로 누군가를 닮은 아기가 태어나지는 않지만 말입니다.

태아의 시각 반응은 청각 반응에 비해 늦게 발달합니다. 그러나 발달 시기가 늦을 뿐, 시각을 통한 자극은 태아의 정서에 큰 영향을 미칩니다. 빛 자극이 강하면 스트레스를 받지만, 적정한 빛 자극은 태아를 편안하게 합니다. 여기에 엄마의 감정까지 더해지면 태아는 시각과 함께 정서까지 전달받게 되는 것이지요.

눈은 마음의 창이라고 흔히들 말합니다. 시선을 어디 두느냐에 따라 마음가짐도 달라집니다. 엄마가 더러운 것을 보았다면 눈을 감은 채 시선을 돌릴 것입니다. 본능적인 행동입니다. 만약 예쁘고 아름다운 꽃을 보게 된다면 더 가까이 다가가 꽃을 만지며 눈에 담고 싶어 하겠지요. 사람은 누구나 아름답고 풍부한 색채의 그림을 보면 음악을 들었을 때와 비슷한 감동을 경험하게 됩니다. 그러니 평소에 어떤 대상을 보는지도 태교에 무척 중요하겠지요. 보는 대상에 따라 마음가짐이 달라지기 마련이니까요.

시각태교란, 아름다운 것을 보며 마음을 가다듬고 평온하게 만드는 정서적 흐름입니다. 바꿔 말하면 시각태교는 눈을 통해 받아들이고 느끼는 엄마의 마음가짐이며, 엄마의 감성을 자극하는 데서 시작한다고 할 수 있지요. 엄마의 감성은 태아의 뇌 발달에 영향을 주고, 태어날 아기의 정서가 풍부해지도록 돕습니다. 임신부는 즐거운 상태에서 좋은 자극을 많이 받는 것이 중요합니다. 여행을 통해 자연을 감상하고 전시관에서 아름다운 그림을 접하는 것은 일상과 가장 밀접한 시각태교입니다. 가까운 공원에서 아이들이 뛰노는 모습, 흙이나 돌맹이, 꽃 같은 작은 것들을 눈에 담아보는 것도 쉬운 시각태교법 중 하나겠지요.

영화와 TV 시청도 시각태교에 중요한 역할을 합니다. 물론 요즈음은 자극적인 소재의 드라마나 영화가 많기 때문에 선택적인 감상이 필요합니다. 꽃과 자연을 담은 다큐멘터리나 따뜻한 소재의 드라마, 유쾌하게 웃을 수 있는 코미디 프로그램을 보는 것은 마음을 즐겁게 하여 아기에게도 좋은 영향을 미칩니다.

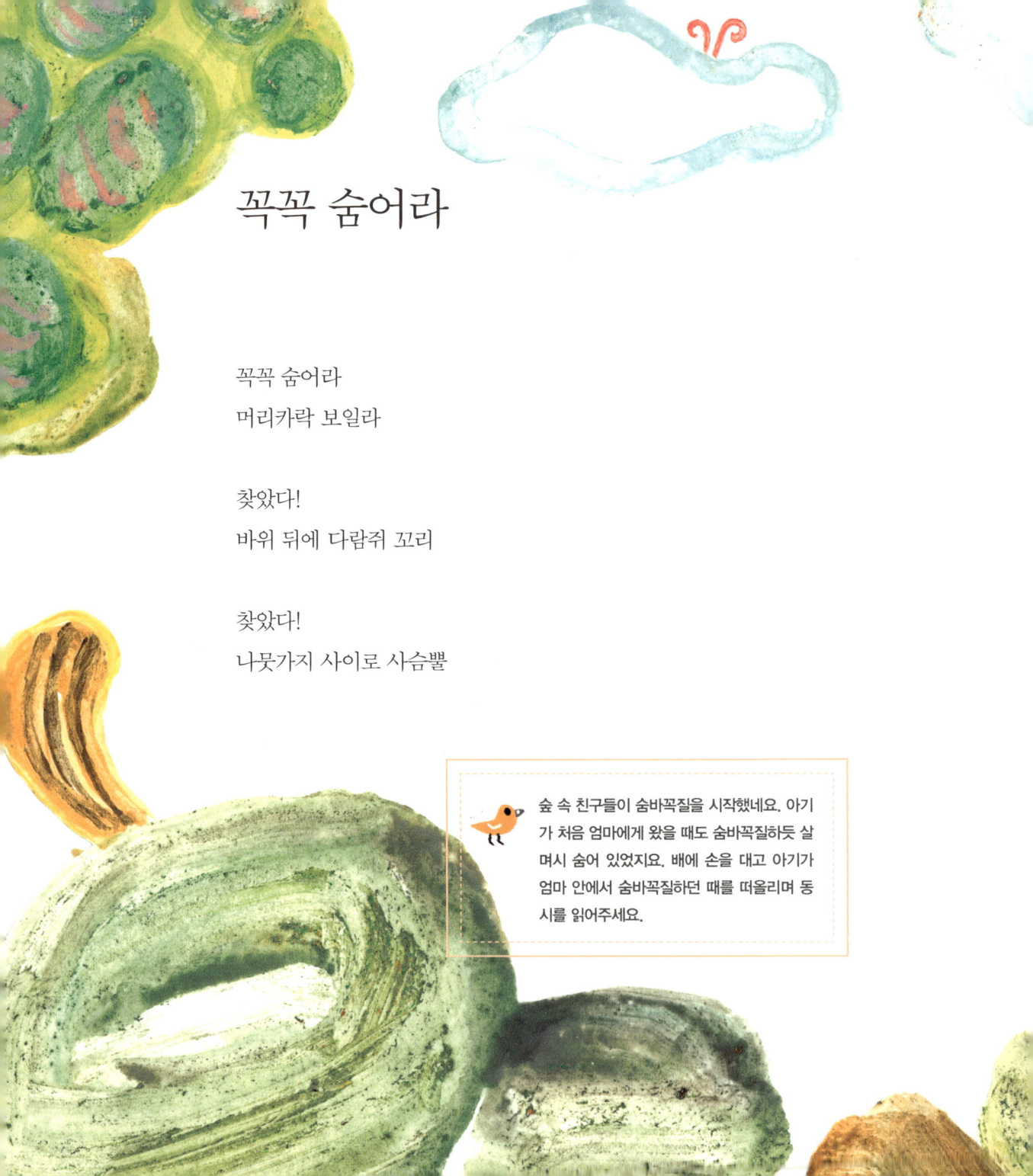

꼭꼭 숨어라

꼭꼭 숨어라
머리카락 보일라

찾았다!
바위 뒤에 다람쥐 꼬리

찾았다!
나뭇가지 사이로 사슴뿔

숲 속 친구들이 숨바꼭질을 시작했네요. 아기가 처음 엄마에게 왔을 때도 숨바꼭질하듯 살며시 숨어 있었지요. 배에 손을 대고 아기가 엄마 안에서 숨바꼭질하던 때를 떠올리며 동시를 읽어주세요.

찾았다!
풀숲 위로 여우 귀

찾았다!
구름 곁에 나비 더듬이

모두 잡았다!

태
담,

한마디

우리 아기, 까꿍! 놀랐니?

아무리 놀랐더라도 엄마가 술래가 되어 너를 '찾았다!' 했던 날보다

더 놀라진 않았을 거야.

엄마 속에서 한 달 동안 엄마도 모르게 숨바꼭질하던 때,

우리 아기가 얼마나 두근두근 기다렸을까?

이윽고 엄마가 너를 찾아냈을 때, 너는 까르르 웃으며

기뻐하는 아빠와 엄마를 보고 있었겠지?

우리 아가는 숨바꼭질을 정말 좋아하나 봐.

처음 네 모습을 보러 병원에 갔을 때도 열심히 숨바꼭질을 했잖니.

초음파에 네가 잘 보이지 않아서, 우리 아기가 어디 있지? 했더니

갑자기 불쑥~ 하고 모습을 드러내서 얼마나 웃었는지 몰라.

자, 이번 병원 검진일에도 엄마와 함께 숨바꼭질 놀이를 해볼까?

이번엔 엄마가 제일 먼저 찾을 테니, 각오해둬!

아빠 이야기를 들려주세요

"바깥세상에 나가면 아빠와 함께 여러 가지 놀이를 하고 싶어요. 숨바꼭질, 얼음땡, 구슬놀이, 땅따먹기 같은 거요! 오늘은 내 대신 아빠랑 엄마가 함께 놀아보는 건 어때요? 내가 '깍두기'가 되어서 도와줄게요!"

아기가 태어나면 어떤 놀이를 해주고 싶나요? 짝짜꿍, 곤지곤지, 쥐엄, 쭉쭉이 체조 등, 아빠가 해 줄 수 있는 신체놀이는 무궁무진합니다. 태아가 태어나면 해줄 놀이에 대해 실감나게 설명해보세요. 아기가 활발하게 움직이며 답변할 거예요. 엄마와 함께 간단한 게임을 하는 것도 좋습니다. 단, 너무 경쟁심을 불태워서 엄마 마음을 불편하게 만들지 마세요.

"나는 엄마 배 속에서 빛을 느낄 수 있어요. 볕이 좋은 날, 엄마가 얇은 옷을 입고 밖에 나가면 짜르르~ 햇빛이 눈부셔 얼굴을 찌푸릴 때도 있답니다. 아빠, 오늘 햇빛이 어떤지 엄마 옷을 걷고 말해줄래요? 엄마가 맨살로 배를 내밀어 직접 햇빛을 받으면 나도 빛을 강하게 느껴요. 다시 옷을 덮으면 조금씩 어두워지는 걸 느끼지요. 내가 빛을 느낄 수 있도록 아빠가 도와주세요!"

7개월에 접어든 태아는 빛을 감지하기 시작합니다. 엄마의 자궁 환경은 어두운 편이고, 또 엄마가 늘 옷을 입고 활동하기 때문에 평소 태아는 빛을 강하게 느끼지는 않아요. 그래서 강한 빛이 직접적으로 오래 내리쬐면 불안한 마음에 손가락을 빼는 등의 행동을 하기도 하지요. 하지만 조금씩 단계별로 아기에게 빛을 알려주는 건 괜찮답니다. 맑은 날, 해가 내리쬐는 베란다나 창가에서 조금씩 옷을 걷어 아내의 배를 드러내보세요. 점점 밝아지는 느낌에 아기가 반응을 보일 겁니다. 이 때 배에 아빠 엄마의 손을 대고 아이에게 부드럽게 말을 걸면 아기도 안심하고 빛을 즐길 거예요. 배가 다 드러나면 다시 조금씩 옷으로 배를 덮고 건물 안으로 들어갑니다. 다시금 찾아온 어둠에 아기가 익숙해질 때까지 계속 태담하는 것 잊지 마시고요.

호수에 비친 내 얼굴

호수에 비친 내 얼굴이
일렁일렁

울퉁불퉁한 내 얼굴

납작하게 일렁이다가
길쭉하게 일렁이다가
형태도 알 수 없게
일렁인다

물결이 일렁일렁
얼굴도 일렁일렁

무늬가 있는 유리창이나 볼록 거울, 안경알, 물이 담긴 대야 등에 얼굴을 비춰보세요.
늘 보던 얼굴이 아닌 색다른 얼굴이 쳐다보고 있을 거예요.
아기와 함께 엄마의 새로운 얼굴에 대해 얘기하는 시간을 가져봅시다.

태
담,

한마디

아빠와 엄마는 오늘 어릴 적 사진을 꺼내느라 분주했단다.

네 얼굴이 너무나 궁금해서,

서로의 어릴 적 사진을 살펴보기로 한 거야.

아빠의 돌 사진을 살펴보니 얼굴이 동그랗고 볼이 발그레하구나.

눈은 쌍꺼풀 없이 깊고 입술은 도톰한 편이지.

엄마의 백일 사진도 볼래?

갸름한 얼굴에 오뚝한 코가 눈에 먼저 들어오지?

눈에는 쌍꺼풀이 졌고 입술은 작고 얇아.

한참 사진을 들여다보다가 아빠 엄마는 미궁에 빠져버렸다.

우리 아가가 아빠와 엄마를 반반 닮았다면

대체 어떤 모습으로 태어날지 오히려 더 알 수 없어졌거든.

하지만 이것만은 확실해!

아빠 엄마는 네가 어떤 모습으로 태어나든

머리끝에서 발끝까지, 너만의 고유한 생김새를 있는 그대로 사랑할 거란다!

아빠 이야기를 들려주세요

"아빠도 내 초음파 사진을 보았나요? 내 얼굴은 아빠와 엄마를 골고루 닮았을 거예요. 아빠와는 어디가 닮았는지 거울을 들고 아빠 얼굴을 보면서 말해주세요."

임신부는 보통 임신 중기인 20~22주에 아기가 잘 자라고 있는지 초음파 검사를 하게 됩니다. 이때 태아는 이미 얼굴 생김새가 형성된 시기라 아빠 엄마가 서로 닮은 부분을 찾으며 즐거워하기도 하지요. 아기의 초음파 사진을 보면서 아빠와 닮은 부분은 어딘지, 엄마와는 얼마나 닮았는지 이야기해보세요. 설명조로만 이야기하지 말고 아기가 반응할 수 있게끔 "초음파 검사를 할 때 우리 아가가 놀랐는지 입을 벙긋했구나! 어떤 기분이 들었니?", "통통한 뺨이 아빠와 닮았어! 자, 보렴, 네가 보기에도 닮았지?"처럼, 아기의 대답을 이끌어내는 대화를 하는 게 좋답니다.

"아빠, 내가 태어나면 어떤 방에서 지내게 되나요? 그 방에는 어떤 물건들이 있고, 어떤 모양인가요? 나를 위한 모빌이나 장난감이 있나요? 내가 지낼 방을 꾸며주세요!"

아기가 태어날 때가 다가오면 아빠 엄마는 아기 맞을 준비에 분주해집니다. 아빠와 엄마가 아기를 위해 무엇을 준비했는지, 그것이 어떤 모양이고 어떻게 느꼈으면 좋을지 얘기해볼까요?
"우리 아기를 위해 커튼은 노란색으로 준비했단다. 노란색은 밝고 따스한 해님의 색이야. 그래서 보면 볼수록 즐거워지지. 우리 아기도 좋아했으면 좋겠어."
"이것 보렴, 엄마가 직접 만든 장난감 공이야! 동그랗고 알록달록하지? 우리 아가가 손으로 잡고 데굴데굴 굴리면 재미있을 거야."
어느 순간이든 아기가 귀를 기울여 듣고 있다는 것을 잊지 마세요!

그림자

하늘에서 그림자가
뚝! 떨어져요

네모난 그림자
울퉁불퉁한 그림자
동그란 그림자
길쭉한 그림자
구불구불한 그림자

모두 자기 주인을 찾아서
딱! 달라붙어요

네모난 그림자는
네모난 집 것

 태아 때부터 신생아기까지 아기는 빛과 어둠, 흑백에 민감하게 반응하곤 해요.
동시를 읽을 때 검은 그림자 그림을 예민하게 관찰하며 읽어주세요.

울퉁불퉁한 그림자는
구름 것

동그란 그림자는
풍선 것

길쭉한 그림자는
나무 것

구불구불한 그림자는
뱀 아저씨 것

모두 모두 햇빛 아래 모여
그림자 춤을 춰요

태
담,

한마디

아가야, 엄마와 함께 색깔 소풍을 떠나보지 않을래?

엄마가 보는 세상은 여러 가지 형태의 총천연색으로 빛난단다.

엄마가 자주 들르는 공원은 초록색과 갈색이 싱싱하게 살아 있어.

든든한 나무 밑동은 진한 갈색이고,

그 위에 돋아난 잎사귀는 파릇파릇한 초록색이란다.

아빠와 함께 갔던 장미 화원 기억나니?

그곳에는 빨간색과 노란색, 분홍색이 서로 뽐내며 색을 겨뤘지.

여름에 찾아간 해안은 황토색 모래사장과

짙은 파란색 바다, 하얀색 파도가 인상적인 곳이었어.

우리가 사는 이 세상은 이렇게 여러 가지 색깔로 가득 차 있단다.

너도 언젠가는 생생한 색을 온몸으로 느낄 수 있을거야.

그때는 네가 엄마에게 색깔의 느낌을 설명해주렴.

엄마는 눈을 감고 즐겁게 들을 테니 말이야.

아빠 이야기를 들려주세요

"나는 아직 색깔을 보지 못해요. 하지만 엄마가 느끼는 감정을 함께 느낄 수 있답니다. 아빠는 색깔을 어떻게 느끼고 있나요? 색연필과 크레파스가 있다면 색깔을 바라보거나 종이에 색칠하면서 얘기해주세요."

인간에게 낙서는 본능과도 같다는 걸 알고 있나요? 평소 예술, 미술과 거리가 멀다고 생각하는 아빠라도 아기와 낙서하는 시간을 가지는 것은 즐거워하지요. 아직 색채 감각이 없는 태아에게 크레파스나 색연필로 여러 가지 색깔을 알려주며 즐겁게 낙서해보세요. 구불구불한 선도 그리고 일직선도 시원하게 쭉쭉 그려요. 아기에게 아빠의 감정 상태를 수다쟁이처럼 전달하는 것도 잊지 마시고요. 참, 낙서를 하다가 아기 얼굴을 상상하며 그려보아도 좋습니다. 엄마와 함께 상상하며 그린다면 더 좋겠지요?

"나는 매일매일 아빠와 함께 여행을 떠나고 싶어요. 아빠도 나와 함께 멋진 곳을 여행하고 싶지 않나요? 아빠가 가고 싶은 곳의 사진이 있다면 내게 보여주세요. 얼마나 멋진 곳인지 우리 함께 얘기 나눠요!"

임신한 아내와 같이 소풍을 떠나는 것처럼 좋은 것은 없습니다. 하지만 일이 바쁘다거나 아내의 건강이 좋지 않거나 하여 상황이 여의치 않을 때도 있지요. 이럴 때는 사진집을 꺼내 들어 여행 기분을 내는 것도 좋습니다. 책이나 팸플릿에 인쇄된 것이라고 해도, 아름다운 풍경을 보면 누구나 마음이 풀어지기 마련입니다. 여행서가 곁에 있다면 그것을 펼쳐보며 나중에 아기와 함께 떠날 곳을 정해보세요. 책이나 인쇄물이 없어도 괜찮습니다. 신혼여행지에서 찍은 사진을 보며 아기에게 아름다운 풍경과 추억을 이야기할 수도 있으니까요.

장대비

동그란 하늘에서
기다란 빗줄기가
쭉쭉 뻗어 내려요

하늘에서 땅까지 연결되는 선

땅에 고인 물웅덩이에
동그라미가 퍼져나가요
둥글게 둥글게

길고 동그란 장대비

이번 동시는 굵게 뻗은 선과 동그랗게 퍼지는 동심원.
두 가지의 강렬한 이미지가 대비되는 시입니다.
글과 그림을 통해 태아에게 이런 시각적 이미지를 전달해보세요.

태
담,
한마디

토독토독 떨어지는 빗방울은 작은 점.

번쩍 내리치는 번개는 밝은 선.

쿠르릉, 모여드는 검은 구름은 통통한 면.

와, 왠지 전문적인 이야기를 해버렸네?

요즘 미술관에 다녔더니 엄마에게도 심미안이 생겼나 봐.

거리를 돌아다니면서도 색깔이나 형태에 관심을 기울이게 되더라고.

사람 많은 번화가는 별로 좋아하지 않지만,

예쁜 간판이나 귀여운 인테리어 가게를 보는 건 즐겁단다.

길을 걷다 우연히 아기 얼굴이 들어간 광고를 보는 것도 작은 기쁨이지.

언젠가 우리 함께 이 거리를 손잡고 걸어 다니자.

그때 네 눈높이에서는 무엇이 보이는지 얘기해주렴.

지금 너처럼, 그때는 엄마가 천천히 들어줄 테니.

똑똑한 아이 만드는 뇌 태교동시

아빠 이야기를 들려주세요

"수도꼭지에서 물 떨어지는 소리, 시냇물 흐르는 소리, 폭포 떨어지는 소리, 파도치는 소리, 욕조 넘치는 소리, 모두 물이 내는 소리래요. 장대비도 하늘에서 물이 떨어지는 건데, 같은 소리가 나나요?"

아이들은 반복되는 말, 발음이 재미있는 단어를 좋아합니다. 동요나 동시에 의성어와 의태어가 많이 나오는 이유이기도 하지요. 태아에게 물에 관련된 의성어와 의태어를 말해주세요. 쏴아아, 좌악좌악, 촬촬, 콸콸, 꿀렁꿀렁, 울컥울컥, 철썩철썩, 출렁출렁, 쿠르릉쿠르릉, 굼실굼실, 너울너울처럼 여러 가지 의성어와 의태어가 있답니다. 이런 말을 실감나게 표현하기 위해 엄마 배를 톡톡 치거나 부드럽게 문지르며 이야기를 나눠도 좋아요. 장대비 내리는 날은 바람이 불고 천둥 번개도 치니 그런 날 어떤 소리가 나는지도 얘기해주세요.

"나는 엄마와 함께 명화 감상하는 시간을 좋아해요. 그중에서도 아기가 나오는 그림, 가족 간의 따스한 정을 나누는 그림이 좋더라고요. 아빠도 그림을 좋아하나요? 아빠가 좋아하는 그림을 보여주세요."

주말이나 휴일이라면 아내와 함께 미술관 데이트를 나가보세요. 조각이나 그림 등의 예술품을 눈앞에서 생생하게 느끼는 시간은 태아에게도 산 공부가 된답니다. 밖으로 나갈 수 없는 상황이라면 화집이나 그림책을 보는 것도 좋습니다. 한 장씩 차분히 넘기면서 아기와 대화하세요. 아빠의 감정을 얘기한 다음 아기의 반응을 묻는 질문을 하는 게 좋답니다. 아래에 살짝 예를 들어볼게요.
"아빠는 이렇게 색깔 구분이 확실한 그림이 좋아. 흐릿한 것보다 훨씬 집중이 잘되거든. 여기, 이 사람이 들고 있는 것이 무엇인지 알겠니?"
"아빠는 한국화도 좋아한단다. 커다랗게 비워둔 여백이 멋지게 느껴지잖아. 우리 아가는 그래도 여러 가지 색깔로 꽉 찬 그림이 좋을까?"

할아버지 얼굴

운동장 같은 이마에
밭고랑이 한 개 두 개 세 개

밭고랑 아래
서리 내린 풀숲 두 개
풀숲 아래 깊은 우물 두 개

구멍 송송 바위 밑에
하얀 모가 심어진 논

두 갈래의 강줄기 사이로
야무진 콩깍지

우리 할아버지 얼굴

 "자, 엄마가 수수께끼를 낼게! 무엇을 설명하는 건지 맞혀보렴!" 궁금증을 자극하는 어조로 읽어주세요.

태
담,

한마디

네가 얼마나 특별한 아이인지, 너는 알고 있니?

네 증조할아버지와 증조할머니는 맞선을 보고는 금세 결혼을 정하셨대.

하지만 곧 전쟁이 일어났고, 전쟁에 참전한 증조할아버지는 돌아가시고 말았지.

만약 이야기가 여기서 끝났다면 너는 물론 너희 아빠도 이곳에 있지 못했을 거다.

다행히도 그때 증조할머니는 너희 친할아버지를 잉태하고 계셨어.

자칫 끊어질 뻔한 가족의 이야기가 할아버지를 통해 다시 이어진 거야.

할아버지와 할머니는 마을 잔치에서 만나 사랑에 빠지셨다는구나.

혹여 마을 잔치가 없었다면, 또는 두 분 중 한 분이라도 불참했다면,

네가 여기 있을 수 없었겠지?

하지만 운명은 할아버지와 할머니를 비켜가지 않았단다.

이것 보렴. 여러 대에 걸쳐 운명, 우연, 필연이 겹치면서 네가 잉태된 거야.

네가 얼마나 특별한 아이인지, 얼마나 운이 좋은 아이인지, 알 수 있겠니?

아빠 이야기를 들려주세요

"아빠와 엄마를 둘러싼 가족은 어떤 분들인지 궁금해요. 나이가 아주 많으신 분도, 아빠 엄마와 비슷한 또래
도, 나랑 함께 자랄 아이들도 있겠죠? 어떤 사람들이 있는지 이야기해주세요."

아이가 태어나면 울타리가 되어줄 사람들이 바로 친족입니다. 아이에게 친척들을 한 명씩 소개해
보세요. 사진 속 얼굴을 보면서 이야기해주는 건 어떨까요? 오랜만에 앨범을 꺼내보는 거예요. 혹
시 결혼 전 앨범이 없다면 결혼식 앨범을 펼쳐보세요. 결혼식 앨범에는 직계 가족과 방계 가족,
친구들의 얼굴이 모두 선명하게 나와 있어 아기에게 설명해주기 좋답니다.

"엄마는 깔깔 웃을 수 있는 코미디 프로그램을 좋아한대요. 엄마가 웃으면 나도 기분이 좋아진답니다. 엄마는
또 웅장한 자연 풍광이 나오는 다큐멘터리도 즐겨 봐요. 엄마가 "와아~! 아가야, 정말 멋진 풍경이지?" 하고
말을 걸면 나도 가슴이 두근거린답니다. 오늘은 아빠가 즐겨 보는 프로그램을 함께 봐도 될까요?"

현대인의 삶에서 텔레비전은 떼려야 뗄 수 없는 문명의 이기로 자리 잡았지요. 임신 기간에는 되
도록 텔레비전과 먼 삶을 사는 것이 좋지만, 텔레비전이 주는 즐거움을 포기할 수 없다면 되도록
즐거운 마음으로 태아와 교감하며 보세요. 너무 자극적인 내용보다는 훈훈한 감동을 주는 이야기
가 좋다는 것도 잊지 마시고요.

눈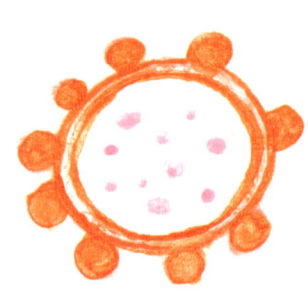

포슬포슬 눈 내리면
눈을 올려다봐요

내리는 눈은
머리 위로
손 위로
어깨 위로

가리는 곳 없이 내려요

그러다가
눈동자 위로

눈 속의 눈

하늘하늘 눈이 내리는 모습을 상상해보세요.
얼굴을 스치는 칼바람, 폭신한 벙어리장갑, 혀를 대면 사르르 녹는 차가운 눈.
여러 가지 감각을 동원해 겨울을 느끼고 상상하면서 읽습니다.

태
담,

한마디

흘날리는 눈발을 가만히 잡아 가까이 바라보면

아름다운 육각형이 다글다글 모여 있는 걸 볼 수 있어.

이걸 눈의 결정이라고 한단다. 그런데 참 신기한 일이지?

겨울이면 세상을 다 덮을 정도의 눈이 내리는데

그중에서 똑같은 모양의 결정은 단 하나도 존재하지 않는다고 해.

마치 이 세상에 태어난 모든 사람이 그러한 것처럼 말이다.

아가, 너는 온 우주가 원해서 태어나는 특별한 사람이란다.

하지만 다른 모든 이도 온 세상이 원해서 태어난,

각자 자기만의 개성을 갖고 있는 특별한 사람이야.

네가 엄마와 아빠에게 소중한 사람인 것처럼

다른 사람들도 모두 누군가에게 소중한 사람이라는 것을,

사람과 사람 사이에는 그 어떤 상하 관계도 장벽도 없다는 것을

네가 알아주었으면 좋겠구나.

사람을 긍정하고 세상을 사랑하는 힘은 바로 여기서 비롯된단다.

똑똑한 아이 만드는 뇌 태교동시

아빠 이야기를 들려주세요

"눈은 육각형 모양이라는데 육각형이 대체 뭔가요? 아빠, 도형에 대해서 알려주세요!"

태아에게 형태나 면을 알기 쉽게 설명해보세요. 우선 삼각형을 그린 다음 우리 주변에서 쉽게 찾아볼 수 있는 삼각형 형태의 물건을 찾아봅니다. 샌드위치, 삼각김밥 등을 들 수 있겠네요. 다음은 시각형 차례입니다. 사각형 형태의 물건은 쉽게 찾아볼 수 있지요? 다음은 오각형, 육각형, 원형을 설명합니다. 이 모든 과정을 너무 학습하듯 말하지 마세요. 엄마도 아기도 지칠 수 있으니까요. 게임하듯 재미있게 설명하면 아기도 아빠 얘기에 귀를 기울일 겁니다.

"눈은 어떤 선을 그리며 내리나요? 우리 집 지붕 위에는 눈이 어떻게 쌓이나요? 엄마와 함께 하얀 도화지에 보드라운 눈을 표현해주세요."

눈이 하늘하늘 흩날리며 떨어지는 궤적을 눈여겨본 적이 있는지요. 모든 자연 현상은 깊숙이 들여다볼수록 더욱 신비하게만 느껴집니다. 흰 종이에 눈이 내리는 풍경을 부드러운 선과 색깔로 그려서 표현해보세요. 볼펜이나 색연필, 크레파스를 들고 마음 가는 대로 자유롭게 그림을 그립니다. 열중해서 그림을 그리다 보면 어느새 동심으로 돌아와 있을 거예요. 아기와 소통하기 좋은 조건이지요?

엄마
아빠의

실전 시각태교

 **명화를 감상해요**

좋아하는 그림을 감상하는 것은 부담 없이 쉽게 할 수 있는 태교 중 하나입니다. 단, 남들이 좋다고 하니까 억지로 어렵고 난해한 그림을 보려고 하지는 마세요. 태아에게 시각과 정서적인 자극을 풍부하게 전해주기 위해서는 어려운 그림보다 잘 알려진 명화부터 차근차근 시작하면 됩니다. 그러면 엄마가 그림을 이해하기도 쉽고 차츰 흥미를 가질 수도 있으니까요. 처음 태교음악을 들을 때 낯설고 막막했던 그 마음이 점차 편안하게 바뀐 것처럼, 명화 감상 역시 자연스레 엄마의 감성에 녹아들 것입니다.

즐거운 마음으로 아름다운 그림을 편안하게 감상하세요. 그림 감상에 정답은 없습니다. 눈에 보이는 대로, 떠오르는 대로, 느껴지는 대로 감상하는 것이 올바른 감상법입

똑똑한 아이 만드는 뇌 태교동시

니다. 엄마가 보고 느낀 생각을 태아에게 들려주면 시각은 물론 청각적 자극이 함께 되어 두뇌 발달을 돕습니다. 다양한 색채와 구도의 그림을 접하면 아기의 창의력 또한 발달하겠지요.

명화에는 익숙한 그림이 많습니다. 익숙하지만 작가의 의도가 무엇인지 몰랐다면, 한번 그 의도를 파악해보세요. 왜 이런 색채를 사용했고 왜 이런 구도로 그렸는지 관찰하다 보면 명화 감상의 묘미를 느낄 수 있을 겁니다. 그림을 보는 것으로 출발해 작품 속 의미를 하나씩 알게 될 때의 재미는 엄마의 마음을 한층 더 풍요롭게 하니까요.

명화를 감상하는 방법 중 가장 직접적인 방법은 역시 미술관에 몸소 찾아가는 것입니다. 방학이나 주말에는 사람이 북적여 임신부가 마음 놓고 작품을 감상하기 어렵지만, 평일에는 한산한 편이니 찬찬히 둘러볼 수 있습니다. 산책한다는 마음으로 방문해서 여유롭게 둘러보세요. 미술관에 따라서는 오르세미술관전, 루브르박물관전 등을 열어 잘 알려진 외국의 명화를 소개하는 기획 전시를 갖기도 하니, 어떤 전시 중인지 미리 확인하고 방문하는 것이 좋겠지요.

그림을 처음 접하는 엄마에게는 명화가 접근하기 쉽고 해석하기 좋은 편이지만, 그렇다고 반드시 고전 명화만을 고집할 필요는 없습니다. 여백의 미가 살아 있는 우리 옛 그림이나 새로운 시도를 많이 하는 현대미술, 양감이 풍부한 조각, 실험적인 사진 등, 여러 작품을 감상해보세요. 엄마 나름대로 재미도 느낄 수 있고 예술품을 감상하는 심미안도 생긴답니다. 태아 또한 엄마와 함께 예술적 감각을 한껏 기를 수 있겠지요.

미술관이나 전시회 나들이는 가벼운 산책을 겸할 수 있어 좋지만 여의치 않다면 그림엽서나 명화집, 유명한 작가의 사진으로 대신해도 괜찮습니다. 그럼, 명화 태교를 시작해볼까요?

메리 커셋, 〈아이의 목욕〉, 1891~1892년, 캔버스에 유채, 100.3 × 66cm, 시카고 아트 인스티튜트 소장

대야에 물을 담아 정성스레 씻기는 모습이 무척이나 정겹지요? 누구에게나 잘 알려진 명화를 감상하는 것도 좋지만, 엄마의 마음을 울리는 따뜻한 그림 또한 정서 함양에 도움이 된답니다. 엄마와 아이가 함께하는 그림은 특히 임신부가 좋아하는 그림이지요. 이 그림을 그린 메리 커셋은 엄마와 아이가 함께 있는 다정한 시간을 자주 표현하곤 했는데, 인물을 화폭에 가득할 정도로 채우는 것이 특징이었습니다. 덕분에 그림을 감상하는 사람은 인물 사이의 내밀한 관계에 더욱 초점을 맞출 수 있지요. 이 그림은 일상적인 순간을 통해 어머니의 사랑을 드러내고 있는데, 약간 위에서 내려다보는 각도로 구도를 잡아 자칫 평범할 수 있는 장면을 독특하게 표현했습니다.

"우리 아가가 태어나면
　맨 먼저 엄마 품에 포옥 안을 거야.
　그다음엔 엄마 아빠 목소리를 들려줘야지.
　네가 바깥세상에 익숙해지면
　매일 따끈한 물을 받아 천천히 씻겨줄게.
　이 그림의 엄마처럼 정성을 담아서 말이야."

프리드리히 폰 아멜링, 〈마리에 공주의 초상〉, 1836년. 캔버스에 유채, 33 × 27cm, 벨베데레미술관 소장

잠에 폭 빠진 아기의 얼굴처럼 평화로운 것이 또 있을까요. 만족스러운 표정으로 잠든 아기를 보고 있자면 가슴에 행복감이 절로 번집니다. 출산 후 몸 추스를 겨를도 없이 밀려오는 육아에 지쳤다가도 잠든 아기 얼굴을 보면 피로감이 싹 사라진다는 엄마가 많습니다. 아마 그 아기들도 이 그림처럼 사랑스러운 표정으로 쌔근쌔근 잠들었을 거예요. 태어날 아기에게 따스한 마음을 담아 이야기를 걸어보세요. 단잠에 든 아기 그림을 보며 느낀 엄마의 행복감이 배 속의 태아에게도 그대로 전해질 겁니다.

"엄마는 오늘도 보고 싶어.
　엄마를 보고 방긋 웃는 네 얼굴,
　두 손을 들고 엄마를 찾는 네 행동,
　엄마에게 보채며 달라붙는 네 모습,
　그리고 행복한 얼굴로
　한껏 잠에 빠진 네 표정을 말이야.
　우리 아기가 자는 모습은
　아마도 그림 속 아기를 닮았겠지?
　엄마는 늘 너를 만날 날만을 기다린단다."

프레데릭 레이튼, 〈화가의 허니문〉, 1864년. 캔버스에 유채, 83.8 × 77.5cm, 보스턴 순수미술관 소장

달콤한 신혼 생활을 담은 그림입니다. 조금도 떨어져 있기 싫다는 듯 볼을 맞대고 서로에게 기대어 앉아 있네요. 화가인 남편은 한창 그림을 그리는 중이라 분주할 만한데 아내의 손을 살포시 쥐고 있습니다. 아내 또한 남편이 어떤 그림을 그리는지 궁금해하며 몸을 기울여 바라보고 있지요. 보드랍게 내리쬐는 햇볕마저 이 부부를 사랑스럽게 감싸고 있는 듯합니다. 아기에게 엄마와 아빠의 결혼식과 신혼 생활에 대해 얘기해보세요. 사랑이 주는 기쁨과 환희, 정겨움과 평온한 마음을 아기에게 전달해보는 겁니다.

"이 그림을 보고 있으니
  엄마와 아빠가 결혼하던 날이 떠오르는구나.
  네 아빠는 새하얀 드레스로 갈아입은 엄마의 모습을 보고
  세상에서 가장 예쁜 신부라고 칭찬해주었지.
  물론 엄마도 귓속말로 아빠가 제일 멋지다고 화답했단다.
  그날 이후로 엄마와 아빠는 서로에게
  가장 예쁜 사람, 가장 멋진 사람으로 자리매김하고 있어.
  건강하거나 아플 때, 늙거나 병들었을 때조차
  서로를 언제나 아름다운 사람으로 느끼는 것,
  그것이 바로 사랑이라는 게 아닐까 싶구나."

앙리 마티스, 〈춤II〉, 1910년. 캔버스에 유채, 260 × 391cm. 에르미타주미술관 소장

이 작품에 쓰인 색은 빨간색, 파란색, 초록색 세 가지입니다. 구성 또한 푸르른 땅, 그것을 감싸는 하늘, 그 사이의 사람이 다입니다. 하지만 이것이 어우러져 힘차고 격렬하며 생명력 넘치는 이미지를 만들어내지요. 다섯 명의 여인이 한데 어울려 둥글게 손을 잡고 원시적인 춤을 추는 모습은 누가 봐도 직선적이고 강렬합니다. 중간에 손이 이어지지 않은 사람이 있다는 것이 묘한 긴장감을 주기도 하지요. 아기들은 선이 명확하고 선명하며 원색에 가까운 그림을 선호하곤 합니다. 그림을 보면서 아기에게 단순한 색감과 구도가 주는 약동적인 느낌에 대해 전달해보세요.

"엄마는 보드라운 파스텔 색채의 그림을 가장 좋아하지만
이렇게 강렬한 그림도 무척이나 좋아한단다.
때로는 화려하고 과장된 것보다
단순하고 직접적인 것이 주는 정직한 울림이
더 마음에 와 닿을 때가 있거든.
우리 아기는 어떤 그림에 더 마음이 끌릴까?
엄마와 함께 다른 그림도 찬찬히 들여다보겠니?"

태교법 둘. 엄마와 아기를 위한 소풍

가끔은 훌쩍 떠나고 싶죠? 임신은 행복한 일이지만, 전과는 확연히 다른 몸을 감내해야 하는 임신부가 매 순간 기쁘게 지내기는 어렵습니다. 일상에 지치고 힘들다면 잠깐 여행을 다녀오는 건 어떨까요? 임신 중 떠나는 가벼운 소풍이나 잠깐의 여행은 커다란 휴식처럼 느껴질 겁니다.

최근에는 '태교여행'이라고 하여, 국내외를 여행하며 평소 보지 못했던 아름다운 풍경이나 새로운 환경을 아기와 함께 경험하려는 산모가 늘고 있습니다. 익숙한 환경에서 벗어나 산과 바다, 구름이 어우러진 자연을 마주하는 순간, 산모의 감성이 풍성해지고 긍정적인 에너지를 분출하게 되지요. 엄마와 모든 것을 공유하는 아기 역시 신선한 자극을 받게 될 겁니다.

야외의 아름다운 풍경을 감상하면 아기가 심리적으로 안정감을 갖게 되고 시각, 청각, 후각적으로 새로운 자극을 받습니다. 태아기에 경험하는 모든 자극은 두뇌의 IQ, EQ를 골고루 발달시키는 아주 중요한 요소이므로 풍경 감상은 태아에게 전혀 새롭고 놀라운 경험으로 기억될 것입니다.

멀리 나가는 것이 어렵다면 가까운 곳을 둘러봅니다. 매일 지나치는 동네나 회사 주변의 모습을 하나라도 떠올려보세요. 나무가 많은 공원, 작은 분수가 있는 광장, 노을이 예쁜 산중턱, 여러 가지 꽃으로 엮어놓은 담장, 예쁜 가게가 모여 있는 길거리. 생각해보면 이 중 하나는 있을 것 같지 않은가요? 매일 똑같아 보이는 일상이지만, 우리는 매일 다른 모양의 구름을 보고 매일 다른 밝기의 햇빛을 받으며 매일 다른 느낌의 바람을 느낍니다. 방울토마토가 무성한 경비실 근처 화단도 근사한 풍경이 될 수 있어요. 같은 일상을 늘 새롭게 느끼는 것은 엄마는 물론 아기에게도 좋은 자극이 되겠지요. 사물을 새롭게 보고 즐길 줄 아는 긍정적인 아이가 될 것 같은 예감이 들지 않나요?

셋. 엄마 아빠가 함께하는 미술 활동

"보기만 하는 것은 너무 심심해. 내가 직접 할 수 있는 건 없을까?"

태교에 대해 얘기를 하다 보면 이렇게 얘기하는 산모들을 만나기도 합니다. 보고 느끼는 것도 좋지만 엄마 아빠가 직접 그리거나 만들어보면 아기와 할 얘기가 더 많지 않을까 하는 기대감 때문이죠. 또 엄마 아빠의 감정을 직접 표현해보고 싶기도 하고요.

미술 태교는 배 속 아기와 교감을 위해 엄마의 상상과 희망으로 그림을 그리거나 간단한 재료로 소도구를 만드는 것을 말합니다. 연필과 물감, 색연필, 종이 등 간단한 재료를 이용해 표현 활동을 해보세요. 손에는 1만 7천 개의 신경이 존재하고 모두 뇌와 연결되어 있기 때문에 손끝을 이용한 미술 활동은 아이의 뇌 발달에도 도움이 됩니다.

그러나 막상 연필을 잡으면 무엇부터 해야 할지 모르는 엄마들이 대부분입니다. 우선 가벼운 스케치부터 시작하는 건 어떨까요? 그림을 그릴 때는 밝고 뚜렷한 색깔로 시각적인 자극을 주어 색깔 감각을 키웁니다. 그림을 그리는 동안에는 아기에게 그리고 있는 그림에 대해 설명해주세요. 잘 그려야 한다는 마음보다는 색깔 하나하나에 집중하고, 그림을 그리는 촉감과 서서히 채워지는 색의 기운을 온몸으로 느끼며 편안한 마음으로 그리면 됩니다. 미술 태교를 하는 동안 엄마는 심리적 안정감을 갖게 되며, 태아는 엄마의 정서를 전달받아 엄마의 감정과 기분을 민감하게 느끼고 반응합니다.

마음속으로 우리 아기의 얼굴을 떠올려본 후, 스케치북에 떠올린 모습을 그립니다. 나중에 실제 태어난 아기의 모습과 비교해보면 또 다른 재미를 느낄 수 있을 거예요. 아기에겐 아마 최고의 선물이 될 것입니다.

표현 도구는 연필이나 색연필, 크레파스, 파스텔, 그림물감 등 편한 것을 사용하세요. 처음이라면 연필화부터 시작하는 것이 부담도 적고 좋습니다. 우선 얼굴형을 그린 다음 이목구비를 채워 넣으면서 아기와 대화해볼까요?

" 엄마 얼굴형은 동그랗고, 아빠 얼굴형은 길쭉하단다. 네 얼굴형은 어떨까? 엄마는 네가 이런 얼굴형일 것 같아."

" 엄마 눈은 쌍꺼풀 짙은 큰 눈이고, 아빠 눈은 쌍꺼풀 없이 옆으로 긴 눈이야. 우리 아기 눈은 어떨까?"

" 엄마 코는 낮고 작은 편이고, 아빠 코는 높고 키다랗지. 아가야, 너는 이런 코를 가질 것 같구나."

" 엄마 입술은 도톰하고 붉단다. 아빠 입술은 두툼하고 크지. 너는 엄마를 닮았을까, 아빠를 닮았을까? 어쩌면 엄마 아빠 모두를 닮았을지도 모르겠는걸!"

❁ 무지 티셔츠나 가방에 그림 그리기

태어날 아기에게 입힐 흰색 무지 티셔츠나 민무늬 기저귀 가방 등을 구입해 엄마가 직접 그림을 그려보는 건 어떨까요? 귀여운 캐릭터를 그리거나 동물 그림을 그린다면 자랑스럽게 입히거나 들고 다닐 수 있을 거예요. 그림에 자신이 없다면 아이의 태명을 귀여운 글씨체로 써보는 것도 좋겠지요.

천에 그림을 그릴 때는 일반 도구가 아닌 전용 도구를 사용해야 한답니다. 여러 가지 도구가 있지만 가장 편한 것은 역시 '직물 크레용(염색용 파스텔)'이에요. 천을 캔버스 삼아 그림 그릴 수 있는 직물 크레용을 하나 구입해두면 아기가 태어난 이후에도 두고두고 쓸 수 있답니다. 크레용으로 그림을 그린 다음 다리미로 눌러주기만 하면 끝! 간단하고 편리하죠?

❁ 태어날 아기를 위한 초점책 만들기

시각은 제일 늦게 발달하는 감각입니다. 태어난 이후에도 한동안은 태아와 같은 상태를 유지해, 생후 1~2개월 동안은 색깔을 구분하기보다 명암 대비에 반응하지요. 아직 충분히 발달하지 않은 신생아의 눈에는 대비가 강렬한 흑백 패턴이 가장 매력적입니다. 초점책은 이 점에 착안해 여러 가지 흑백 도형 패턴을 늘어놓은 일종의 시각 자료랍니다. 초점책을 아기 옆에 병풍처럼 펼쳐놓으면 집중해서 들여다보는 것을 알 수 있어요.

초점책은 검정색과 흰색 펠트지를 구매해 만듭니다. 우선 기본이 되는 판부터 자른 다음 도안을 구상하고 그 도안에 맞는 도형을 오리세요. 이 도형을 기본 판에 버튼 홀스티치나 홈질로 붙이고, 완성된 기본 판 여러 개를 병풍 모양으로 펼쳐둘 수 있게 연결하면 됩니다.

✿ 특별한 미술태교, 스크랩북 만들기

임신 중의 이야기를 담는 앨범, 스크랩북을 만들어보세요. 젊은 엄마들 사이에서 유행하고 있는 스크랩북은 아기를 찍은 초음파 사진이나 아기 관련 물품을 스크랩하고 여기에 스탬프, 단추, 펀치, 실, 리본 등의 장식물을 달아 만든 장식적인 책을 말합니다. 스크랩북은 엄마의 취향과 감성을 살려 만드는 것이므로 임신 중 태교용으로도 쓰일 수 있고 태어날 아기에게 먼 훗날 전해줄 소중한 선물로도 제격입니다.

스크랩북에는 기억에 남을 만한 이야기를 다양하게 담을 수 있습니다. 처음 임신을 확인했던 그날의 이야기와 아기의 초음파 사진, 지인들의 소중한 선물, 임신 중 맞이한 결혼기념일 등 엄마 아빠의 소중한 일상을 직접 정리하면서 풍부한 감성을 키울 수 있지요. 따로 준비하기 어렵다면 산모수첩에 귀여운 스티커를 붙이고 예쁜 색연필로 글을 써 쉽게 만드는 방법도 있습니다.

임신 주수별 맞춤 식단

임신 개월별 추천 식품

임신 열 달 동안은 개월별로 모체는 물론 태아의 상태가 급변합니다. 물론 여러 가지 음식을 골고루 먹는 것이 좋지만, 기회가 된다면 개월에 맞춰 아래 음식으로 신경 써서 섭취하세요. 아기에게 조금 더 질 좋은 영양분을 공급할 수 있을 거예요.

시기	영양소	식품	효과
1개월	–	참깨, 잣, 팥, 매실, 살구, 콩	기본 골격과 장기 형성, 초기 근육 형성
2개월	식물성지방, 구연산	사과식초, 꿀, 호박씨, 유채씨, 참기름	태아의 심장 발달
	비타민B6	녹황색 채소, 현미, 달걀, 흰콩, 호두	단백질 공급, 임산부의 입덧 완화
3개월	비타민C	옥수수, 송이버섯, 아욱, 고추, 딸기	태아의 두뇌 발달
	엽산	쇠고기, 버섯, 뱅어포	신경기관 형성, 태아의 기형 예방
4개월	탄수화물	현미밥, 잡곡밥	척추, 간뇌, 중추 완성에 도움을 줌
	무기질	두부, 죽순, 함초	식욕 돋는 시기의 비만을 예방
5개월	칼슘	우유, 유제품, 생선류	태아의 뼈, 치아, 근육과 심장 형성, 임신부의 골다공증 예방
6개월	철분	어패류, 달걀, 우유, 채소, 등 푸른 생선	적혈구 생성(비타민C와 함께 섭취)
7개월	미네랄	식초, 레몬	전해질의 밸런스 유지(부종, 고혈압 예방)
8개월	망간	녹색 채소, 호밀빵	골격 구조를 만들고 유지
	크롬	현미, 모시조개, 대합, 닭고기	성장 촉진
9개월	비타민K	녹황색 채소, 살코기	원활한 모유 수유 준비
	단백질, 무기질	콩, 우유, 현미, 해조류	성장 촉진
10개월	비타민A	소간, 토마토, 달걀, 김, 늙은 호박	태아의 면역력 강화, 임신부의 물질 대사기능 강화

임신 중 증상별 추천 음식

임신 중의 질병은 호르몬 변화 등으로 발생하는 증상이므로 특정 음식으로 예방할 수 있는 것은 아니에요. 하지만 식습관과 조리 방법, 운동 등으로 어느 정도 조절 및 예방이 가능하다는 것을 기억하세요.

● 임신성당뇨

고혈당과는 무관하게 임신 중 포도당 수치가 정상 범위보다 높아지는 증상으로, 태아가 분비하는 호르몬에 의해 혈당을 낮추는 모체의 인슐린 기능이 떨어져 발병합니다. 임신 중 혈당이 조절되지 않으면 태반 조기 박리, 폐부종, 유산, 미숙아 출산, 사산 등이 유발되며, 산모의 경우 분만 후에도 당뇨병이 지속되거나 차후 쉽게 발병할 수 있습니다.

| 임신성 당뇨를 예방하는 식생활 |

 지방을 적게 이용한 조리법

- 생채소 섭취 시 저지방 소스를 사용.
- 육류는 저지방 부위 사용(돼지고기 삼겹살 대신 뒷다리살이나 등심).
- 튀김 대신 구운 음식.
- 매운 맛을 낼 때는 청양고추, 고추기름을 사용.

⭐ **올바른 식품 섭취**

- 매일 일정한 시간에 하루 세 끼 식사와 2~3회의 간식을 소량씩 자주 섭취하여 적절하게 영양을 공급하고 혈당을 조절합니다.
- 매일 여섯 가지 식품군(곡류, 채소, 과일, 어육류, 유제품, 지방)을 골고루 섭취합니다.
- 식사와 간식 간격을 적절히 조절합니다.
- 인슐린 치료 시 밤사이 저혈당을 예방하기 위해 당질 식품을 적정량 야식으로 섭취합니다. 특히 복합당질 식품인 곡류, 밥, 호밀빵, 국수, 감자, 고구마, 옥수수, 떡 등이 좋아요.
- 충분한 단백질 공급을 위해 식사마다 단백질 식품을 섭취합니다. 살코기, 생선류, 콩류, 멸치, 뱅어포, 갑각류 등이 좋습니다.
- 철분과 엽산을 충분히 섭취해요. 철분 식품으로는 간, 난황, 육류, 견과류, 완두콩, 당근, 시금치, 깻잎이 있고, 엽산 식품으로는 호박, 시금치, 고구마, 땅콩, 버섯, 브로콜리가 있습니다.

🌼 **임신성 당뇨 추천 식품**

- 잡곡밥 – 백미 대신 보리밥, 현미밥, 콩밥 등을 챙겨 먹어요.
- 두릅나물 – 두릅의 껍질, 뿌리, 나무줄기에 혈당을 내리는 성분이 있어요.
- 청국장 가루 – 당뇨병 예방과 치료에 좋은 비타민B$_2$가 풍부하며, 레시틴 성분이 인슐린 분비를 왕성하게 합니다. 동맥경화의 원인인 혈액의 지방분을 없애는 효과도 있어요.

임신성 당뇨 식단 예시

아침	현미밥, 아욱된장국, 연두부찜, 쇠고기우엉볶음, 달래오이무침, 나박김치
간식	우유(200g)
점심	보리밥, 두부전골, 작은 조기구이, 무말랭이무침, 시금치나물, 배추김치
간식	딸기(150g)
저녁	흰밥, 미역국, 불고기, 호박전, 숙주나물, 포기김치
간식	인절미 3개(50g), 딸기(150g)

(출처 : 사단법인 대한영양사협회)

● 임신중독증

임신과 합병된 고혈압성 질환으로 별다른 원인 없이 혈압이 높아지는 병입니다. 발병하면 태반 및 태아에게 가는 혈류 공급에 문제가 생겨 태아의 성장 부전, 심한 경우 태아 사망의 원인이 되기도 합니다. 질환이 진행될수록 부종이 심해지고 소변 양이 감소하며 두통, 상복부 복통, 시야 장애 등이 발생합니다. 심할 경우 신장 기능이 정상적으로 작동하지 않아 신체 내부 출혈이 발생해 임신부의 목숨이 위태로워져요.

임신중독증의 원인은 아직 명확히 밝혀지지 않았으나 유전적 요소가 병을 발생시키는 것으로 알려져 있습니다. 그 밖에 융모막 융모에 처음 노출된 경우(초임부)나 대량의 융모막 융모에 노출된 경우(쌍둥이 임신), 그리고 혈관 질환을 갖고 있는 경우(고령 임신) 임신중독증 발생이 잦습니다. 고혈압 가족력이 있거나 예전 임신에서 임신중독증이 발생했던 경우, 만성 신장병, 고혈압, 당뇨병, 혈액 질환, 자가 면역 질환 등의 내과적 병력이 있는 경우도 임신중독증이 생길 수 있으니 각별히 주의해야 합니다.

| 임신중독증을 예방하는 식생활 |

 올바른 식품 제한

- 염장 식품(김치, 젓갈, 장아찌 등), 가공식품(화학조미료 등), 인스턴트식품을 제한하고 저염분으로 조리.
- 카페인 함유 식품 및 당분 식품은 제한.

 올바른 식품 섭취

- 콩, 등 푸른 생선, 살코기 등의 질 높은 단백질 식품을 섭취.
- 미네랄 식품인 식초, 레몬 등으로 전해질 밸런스를 유지.

임신중독증 추천 식품

- 녹황색 채소, 해조류, 콩류, 오트밀(귀리), 꽁치, 고등어 등.

임신중독증 식단 예시

아침	현미밥, 콩나물국, 동태조림, 멸치볶음, 비름나물, 나박김치, 브로콜리볶음
간식	우유, 식빵(1쪽)
점심	보리밥, 달걀국, 돼지불고기, 상추쌈, 깻잎나물, 배추겉절이
간식	귤(1개)
저녁	조밥, 된장찌개, 삼치구이, 두부전, 버섯볶음, 무생채
간식	우유, 삶은 고구마(1/2개)

(출처 : 사단법인 대한영양사협회)

임신 주수별 추천 음식

태아가 수정란에서 사람 형태로 폭발적 성장을 하는 임신 기간에는 각 시기에 맞추어 효과적으로 영양분을 섭취하는 게 좋습니다. 하지만 계절에 따라 제철을 맞은 식재료가 다르니 어떤 식단을 짜야 할지 고민이 되는 게 사실이죠. 이번에는 임신 주수에 따른 계절별 추천 음식을 소개합니다. 해당하는 임신 주수를 확인한 다음 현재의 계절을 선택하면 음식이 하나씩 배당되어 있어요. 이를 식단 짤 때 활용하면 됩니다.

그렇다고 꼭 이 음식을 차려 먹어야 한다는 뜻은 아니니 부담 갖지는 마세요. 명시된 음식은 하나의 가이드라인에 불과합니다. 요리에 부담을 느끼기보다 주재료가 무엇인지, 어떤 조리법으로 만든 것인지를 파악해주세요. 해당 시기에 필요한 영양분을 채워줄 수 있는 제철 식재료가 무엇이며 그것을 어떤 조리법으로 만들어야 흡수가 빠른지가 드러나 있으니까요.

참고로 임신 초기는 태아의 두뇌 발달과 근육 및 신체 기관이 형성되는 때이니 참치, 닭 가슴살, 달걀, 두부 등의 고단백 식품이 좋습니다. 임신 중기라면 태아의 골격 및 세포 조직 형성을 위해 칼슘이 많이 든 양배추, 시금치, 우유 등을 섭취하면 좋지요. 임신 후기로 접어들면 태아의 면역력을 높이고 산모의 부종 및 변비를 예방할 수 있는 미량영양소와 식이섬유가 필요해집니다. 이때는 양파나 아몬드, 콜리플라워, 고구마를 챙겨 먹으면 더 좋답니다. 개월별로 챙겨 먹기 벅차다면 이렇게 초기, 중기, 후기로 나누어 필요 영양분을 섭취하세요.

임신 주수별 계절 식단 예시

임신 주수		필요 영양소	계절별 추천 음식			
			봄	여름	가을	겨울
2개월	5주	단백질, 엽산, 비타민B6, DHA	산채비빔밥	장어구이	과일샌드위치	실파영양굴죽
	6주		죽순잡곡밥	옥수수전	참치비빔밥	김치쌈밥
	7주		꽃게미역국	수박멜론화채	오이요구르트무침	토마토요구르트샐러드
	8주		토마토요구르트샐러드	미역오이냉채샐러드	호두장과	잣죽
3개월	9주	철분, 엽산, 칼슘, DHA, 비타민E	주꾸미냉채	양배추쇠고기국	낙지전골	다시마부각
	10주		현미땅콩죽	닭고기토마토냉채	표고버섯장아찌	톳초무침
	11주		버섯덮밥	달걀채소샌드위치	오렌지고구마탕	현미땅콩죽
	12주		달걀채소샌드위치	게살오이냉채	영양부추샐러드	땅콩소스채소샐러드
4개월	13주	비타민B1, 2, 철분	꽁치크로켓	열무비빔밥	옥수수치즈구이	참치채소튀김
	14주		풋마늘오징어무침	치킨카레라이스	양배추참치샐러드	과일주먹밥
	15주		고등어된장구이	물미역초무침	버섯볶음밥	베이컨브로콜리, 볶음밥
	16주		오곡밥, 쑥국	채소비빔소면	흑임자죽	꼬막미역무침
5개월	17주	비타민A, 셀레늄, 철분, 단백질	오렌지고구마탕	당근참치샐러드	당근팬케익	오징어탕수
	18주		냉이된장찌개	참치주먹밥	고구마밤조림	쇠고기덮밥
	19주		고등어된장조림	시금치치즈샌드위치	표고버섯장아찌	바지락회무침
	20주		영양치킨볶음밥	오므라이스	버섯깨소스샐러드	닭고기시금치무침
6개월	21주	단백질, 칼슘, 아연	돼지고기감자찌개	삼겹살채소쌈	매운삼겹살찜	땅콩멸치고추장볶음
	22주		단호박밥	요구르트아이스크림	토마토소스떡볶이	조기매운탕
	23주		고등어김치조림	뱅어포볶음밥	새우볶음밥	닭안심죽
	24주		봄동새우된장국	골뱅이비빔국수	두부흑임자튀김	삼치튀김

임신 주수		필요 영양소	계절별 추천 음식			
			봄	여름	가을	겨울
7개월	25주	단백질, 지방	쇠고기말이밥	풋고추멸치볶음	꽁치간장구이	멸치버섯전
	26주		옥수수은행버터구이	모듬쌈밥	아욱국	두부탕수
	27주		아욱감자국	콩국수	버섯덮밥	배꿀찜
	28주		콩나물비빔밥	청포묵무침	생땅콩조림	현미땅콩죽
8개월	29주	단백질, 비타민, 무기질 (망간, 크롬)	낙지미역국	쇠고기옥수수볶음밥	팽이버섯잡채	두부흑임자튀김
	30주		오징어삼겹살구이	멸치김치국밥	삼치전	김무침
	31주		부추잡채	영계백숙	닭고기콩나물덮밥	마른미역볶음
	32주		고구마닭살조림	닭살미역냉채	통도라지고추장조림	사과요구르트샐러드
9개월	33주	단백질, 무기질, 비타민B군, 비타민C	닭고기콩나물덮밥	새우볶음밥	대구땅콩튀김	꽈리고추오징어조림
	34주		달걀샐러드	닭고기땅콩볶음밥	굴비고추장찌개	굴밥
	35주		애호박바지락죽	바나나주스	바지락수제비	돼지고기감자찌개
	36주		과일주먹밥	달걀채소팬케익	고구마닭살조림	두부김치
10개월	37주	단백질, 비타민B군, 비타민C · E	검정깨알감자조림	쇠고기덮밥	바나나꿀조림	애호박바지락죽
	38주		쇠고기옥수수볶음밥	상추겉절이비빔밥	치킨카레라이스	영양치킨볶음밥
	39주		두부김치	돼지고기감자찌개	돼지고기오이지볶음밥	달걀채소팬케익
	40주		두부김치	베이컨브로콜리볶음밥	오징어삼겹살구이	고등어김치조림

똑똑한 아이 만드는 뇌 태교동시

1판 1쇄 발행 2012년 11월 10일
1판 2쇄 발행 2013년 9월 10일

지은이 김성수

발행인 양원석
총편집인 이헌상
편집장 김옥현
책임편집 허슬기

동시와 그림 이유진
전산편집 김미선
교정·교열 김미희
해외저작권 황지현, 지소연
제작 문태일, 김수진
영업마케팅 김경만, 임충진, 곽희은, 주상우, 장현기, 임우열,
　　　　　　정미진, 송기현, 우지연, 윤선미, 이선미, 최경민

펴낸 곳 ㈜알에이치코리아
주소 서울시 금천구 가산동 345-90 한라시그마밸리 20층
편집문의 02-6443-8862 **구입문의** 02-6443-8838
홈페이지 http://rhk.co.kr
등록 2004년 1월 15일 제2-3726호

ISBN 978-89-255-4868-5 13590

RHK 는 랜덤하우스코리아의 새 이름입니다.

BABY

SCRAP

BOOK

스크랩북, 이렇게 사용하세요!

- 1개월부터 10개월까지 태아의 성장 과정에 맞추어 사진이나 그림 등을 붙이세요.
  그림을 그리거나 스티커를 이용해 한껏 꾸미는 것도 좋습니다.
- 그때그때 느끼는 엄마 아빠의 소감도 적어보세요.
  아기에게 보내는 편지를 써보는 것도 좋고 오늘 일어난 소소한 일을 기록해도 됩니다.
- 태어날 아기에게 선물할 책이니 늘 곁에 두고 조금씩 채워나가세요.

♥

사 랑 스 러 운

우 리 아 기 를

기 다 리 며 …

태어난 후 처음 찍은 아기 사진을 부착하세요!

태명 _____

임신 확인일 _____

출산예정일 _____

1개월 아기가 찾아왔어요!

초음파 사진을 부착하세요!

엄마의 변화
아기가 온 줄 모른 채 지나가는 달입니다. 몸이 나른해지고 기운이 없으며
미열이 나기도 해서 감기에 걸렸다고 착각하는 엄마가 많아요.
4주차에 접어들면 월경이 끊긴 것에 의아해하며 임신 테스트를 하기도 합니다.

아기의 변화
수정과 착상이 일어납니다. 수정란이 빠르게 분열합니다.
엄마의 아기집이 자라고 양수가 차올라 태아를 보호하게 되지요.

오감 발달 및 태교법
아직은 수정란 단계라 감각 발달은 없습니다.
아기가 잘 자랄 수 있도록 몸과 마음을 더욱 조심하세요.

사랑하는 아가야, 만나서 반가워.
엄마는 네가 온 줄도 모르고 있다가 뒤늦게 알고는 깜짝 놀랐단다.
네가 엄마 곁에 있음을 처음 안 날의 이야기를 들려줄게!

처음 임신임을 확인한 날의 이야기를 짧게 써주세요. 아빠와 함께 쓰면 더 좋습니다.

♥ ♥ ♥

엄마와 아빠가 만나서 네가 찾아오기까지…

엄마 아빠가 사랑에 빠진 때부터 결혼하고 우리 아기를 만나기까지
어떤 일이 있었는지 궁금하지 않니? 달콤한 엄마 아빠의 러브스토리,
우리 아기에게만 살짝 얘기해줄게!

♥ 엄마와 아빠가 처음 만난 날 ♥

연애 시절에 찍어둔 커플 사진을 붙이고
서로에게 어떤 감정을 느꼈는지 써보세요.

프러포즈 받은 날의 커플 사진이나
그날의 기념품 사진을 붙이고 어디서 어떻게
프러포즈를 받았는지 어떤 대답을 했는지 써보세요.

♥ 엄마와 아빠가 결혼한 날 ♥

결혼식 사진을 붙이고
그날의 기분을 떠올려서 써보세요.

신혼여행지에서 찍은 사진이나 항공권 등을 붙이고
얼마나 즐거웠는지, 그때 어떤 일들이 있었는지 써보세요.

신혼여행 중
가장 기억에
남는 일

임신 1개월, 지금 엄마와 아빠는…

네가 엄마 안에서 자라는 이 순간이 엄마와 아빠에게 얼마나 소중한지
모른다. 그래서 엄마와 아빠는 오늘부터 매달 사진을 찍어두기로 했어.
네가 커가는 모습을 행복한 추억으로 남겨두기로 한 거야.
자, 우리 아기도 엄마 배 속에서 활짝 웃어볼래? 하나, 둘, 셋, 찰칵~!

임신은 한 가족이 탄생하는 위대한 과정입니다.
임신 열 달 동안 매달 같은 곳에서 부부 사진을 남겨보세요.
임신한 사실을 안 후 엄마와 아빠가 함께 나눈
약속이 있다면 여기에 남겨보는 것도 좋습니다.

우리 아가를 위한
엄마 아빠의 결심

정기 검진일, 이런 얘기를 들었어!

이번 내원일		년	월	일
다음 내원 예정일		년	월	일
시행한 검사				

산부인과 정기 검진일에 의사 선생님에게 들은 내용을 상세히 적어둡니다.
검진표, 영수증 등을 붙여 생생한 느낌을 내보세요.

2개월 두근두근, 심장이 뛰어요!

초음파 사진을 부착하세요!

엄마의 변화
가슴이 커지고 쓰라리며 감기에 걸린 듯한 느낌이 드는 등 온몸으로 임신을
확인하게 됩니다. 입덧이 시작되어 음식을 먹는 게 괴로워져요.

아기의 변화
머리와 몸통이 구분되며 뇌와 신경, 장기가 형성되고 빠른 속도로 발달합니다.
8주에 이르면 심장 뛰는 소리가 처음으로 들리기도 합니다.

오감 발달 및 태교법
태아의 촉각이 조금씩 발달하기 시작합니다.
명상, 다도 등으로 마음을 다스리세요.

네가 엄마 아빠를 찾아왔다는 사실을 며칠 전 부모님과 친지,
친한 친구들에게 알렸단다. 모두들 너의 존재를 환영하고
축복해주었어. 네가 얼마나 사랑 받고 있는지, 나를 위해 다들
어떤 축하 메시지를 남겼는지 한번 확인해볼래?

부모님, 친지, 친구가 전한 임신 축하 메시지를 적어보세요.

♥ ♥ ♥

세상에서 가장 사랑하는 너의 이름

아가야. 엄마와 아빠가 너를 어떻게 부르는지 알고 있는지 모르겠구나.

네 이름에 담긴 뜻이 궁금하지 않니?

엄마와 아빠가 고심 끝에 고른 너의 태명에 대해 얘기해줄게.

아기의 태명이 무엇이며 누가 지었는지, 어떤 뜻인지
써보세요. 태명을 지은 사람의 사진이나 관련 이미지 등을
붙이세요. 색연필이나 크레파스로 그림을 그려도 좋습니다.

우리 아기의 태명

♥ 엄마 아빠는 네가 이런 사람으로 자랐으면 좋겠어 ♥

엄마 아빠가 원하는 아기의 모습에 대해 적습니다.
아기의 롤모델이 될 수 있는 사람의 사진을 붙여보세요.

너를 예견한 상서로운 꿈

네가 엄마 배 속에 있음을 아무도 알지 못했을 때, 너의 존재를 예견한
사람이 있단다. 그 사람이 누구인지, 대체 어떻게 네가 왔음을 알아챘는지
궁금하지 않니? 엄마 아빠가 살짝 공개할게. 그 사람은 말야~!

태몽을 꾼 사람이 누구이고 어떤 꿈을 꾸었는지
적어보세요. 태몽을 꾼 사람의 사진이나 태몽에
상서롭게 나온 동물이나 과일, 보석 사진을 붙여보세요.

엄마와 아빠의 태몽은 누가 꾸었는지,
어떤 내용이었는지 적어보세요.

임신 2개월, 지금 엄마와 아빠는…

네 모습이 잘 드러나지 않지?
나는 엄마 배 속에서 하루가 다르게 무럭무럭 자라고 있지만,
아직 겉으로는 보이지는 않아.

임신 2개월째 찍은 부부 사진을 붙여보세요.

사진 찍은 날짜

사진 찍은 장소

정기 검진일, 이런 얘기를 들었어!

이번 내원일		년	월	일
다음 내원 예정일		년	월	일
시행한 검사				

산부인과 정기 검진일에 의사 선생님에게 들은 내용을 상세히 적어둡니다.
검진표, 영수증 등을 붙여 생생한 느낌을 내보세요.

3개월 엄마 소리가 들려요!

초음파 사진을 부착하세요!

엄마의 변화

입덧이 심해집니다. 자궁이 커지면서 방광을 압박하여 소변을 자주 보게 되고
변비가 생기기도 해요. 달갑지 않은 증상이지만 조금만 견디면 지나가니
너무 두려워하지 마세요.

아기의 변화

폭발적인 성장을 보이는 시기입니다. 머리와 몸통, 팔다리가 확실히 구분되고
지문이 생깁니다.

오감 발달 및 태교법

피부 감각이 발달하여 촉각이 생기고 이를 느끼기 위해 자궁벽과 탯줄 등을
빨기 시작해요. 내이가 만들어져 자궁 밖에서 나는 소리를 듣게 되기도 하지요.
가벼운 산책으로 아기의 촉각을 자극하고 음악 태교를 시작하세요.

엄마가 가장 좋아하는 음악이 뭔지 아니?
그건 바로 할머니가 나지막이 불러주던 자장가란다.
아빠가 가장 좋아하는 음악은 엄마가 불러주는 노래라고 하는구나.
우리 아가는 어떤 노래를 가장 좋아할까?
엄마와 아빠가 좋아하는 노래부터 공개해볼게!

엄마 아빠가 좋아하는 음악을 적어보세요. 클래식, 가곡, 가요, 동요 모두 좋습니다.

♥ ♥ ♥

자연에서 발견한 보물

엄마는 요즘 자주 산책에 나선단다.
입덧이 심해져서일까? 집안에만 있는 것이 답답하게 느껴지거든.
오늘은 자연이라는 이름의 다정한 세상을 알려줄게.

♥ 산책길에 마주친 우연한 즐거움 ♥

산책하다 느낀 소소한 즐거움에 대해 써보세요.
산책길에 피어 있던 꽃이나 풀잎도 좋고
우연히 마주친 동물도 좋아요. 단풍이나 꽃 등의
식물이라면 살짝 말렸다 붙여도 되겠죠?

부부가 함께 산책하다 발견한 특별한 장소가 있나요?
혹은 의미 깊은 데이트 코스도 좋아요. 아기에게
엄마 아빠의 추억이 깃든 곳을 소개해보세요.

♥ 우리 아가가 태어나면 가고 싶은 곳 ♥

태교여행으로 떠나고 싶은 곳이나 아기가 태어나면
함께 가고 싶은 곳의 사진을 붙여보세요.
그곳이 어떤 곳인지, 왜 가고 싶은지도 설명해볼까요?

♥ 엄마 아빠가 가장 좋아하는 날씨 ♥

아기에게 보여주고 싶은 맑은 날, 비가 운치 있게
내리는 날 등 여러 날씨를 아기에게 소개해주세요.
사진을 찍어도 좋고, 그림으로 나타내도 좋답니다.

임신 3개월, 지금 엄마와 아빠는…

엄마는 입덧을 겪으면서 살이 조금 빠졌단다.
사진만 보고 바로 알아챌 수 있을지 모르겠구나.
하지만 우리 아가를 기다리며 겪는 즐거운 고통인 것을 알기에
엄마는 오늘도 활짝 웃을 수 있어!

임신 3개월째 찍은 부부 사진을 붙여보세요.

사진 찍은 날짜

사진 찍은 장소

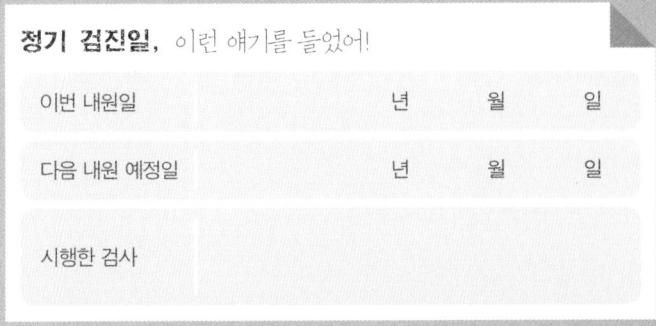

정기 검진일, 이런 얘기를 들었어!

| 이번 내원일 | | 년 | 월 | 일 |

| 다음 내원 예정일 | | 년 | 월 | 일 |

| 시행한 검사 | |

산부인과 정기 검진일에 의사 선생님에게 들은 내용을 상세히 적어둡니다.
검진표, 영수증 등을 붙여 생생한 느낌을 내보세요.

4개월 엄마 마음이 느껴져요!

초음파 사진을 부착하세요!

엄마의 변화

입덧이 점차 사라져 입맛이 살아납니다. 대사 작용이 활발해져 조금 더위를 탑니다.
자궁이 아기 머리만큼 커졌어요.

아기의 변화

기관이 거의 다 형성되어 이제는 커지는 단계입니다.
외관으로 남녀 구별이 가능해지기도 하지요.

오감 발달 및 태교법

양수를 마시며 미각을 조금씩 개발하는 시기입니다. 맛있는 음식을 먹으며
식사의 즐거움을 깨닫게 해주세요. 4개월부터는 엄마와 정서적인 교감이 가능하니
본격적인 태담 태교를 시작합니다.

안녕, 우리 아기, 잘 지내고 있니?
의사 선생님이 그러는데, 이제 네가 엄마 마음을 느낄 수 있게 됐대!
그래서 엄마 아빠는 되도록 명랑하게 살기로 마음먹었어.
행복해서 웃는 게 아니라 웃기 때문에 행복하다는 얘기도 있잖니.
우리 아기도 엄마와 함께 스마일!

엄마 아빠를 웃음 짓게 하는 일들에 관해 적어보세요.

♥ ♥ ♥

즐거운 음식 산책

입덧이 끝나면서 엄마는 맛있는 음식을 마음껏 맛볼 수 있게 되었단다!

우리 아기도 엄마와 함께 즐거운 음식 여행을 떠나보지 않을래?

엄마가 좋아하는 음식부터 시작할게!

♥ 요즘 엄마가 가장 좋아하는 음식은? ♥

엄마가 좋아하는 음식 사진을 붙여주세요.

아빠가 좋아하는 음식 사진을 붙여주세요.

♥ 못 견디게 먹고 싶지만 너와 함께하는 동안은 참을게! ♥

지금은 못 먹지만 출산 후 먹고 싶은 음식
(술, 커피 등)을 스크랩합니다.
잡지나 신문에서 사진을 오려 붙여도 좋아요.

♥ **나중에 너와 함께 먹고 싶은 것들~!** ♥

아기와 함께 먹고 싶은 음식을 스크랩합니다.
잡지나 신문에서 사진을 오려 붙여도 좋아요.

임신 4개월, 지금 엄마와 아빠는…

엄마의 환한 표정이 보이니?
입덧을 이겨낸 엄마는 이제 혈색을 되찾았단다!
덩달아 아빠도 즐거운 표정이지? 하하하!

임신 4개월째 찍은 부부 사진을 붙여보세요.

사진 찍은 날짜	
사진 찍은 장소	

정기 검진일, 이런 얘기를 들었어!

이번 내원일	년	월	일
다음 내원 예정일	년	월	일
시행한 검사			

산부인과 정기 검진일에 의사 선생님에게 들은 내용을 상세히 적어둡니다.
검진표, 영수증 등을 붙여 생생한 느낌을 내보세요.

5개월 똑똑, 엄마 나 여기 있어요!

초음파 사진을 부착하세요!

엄마의 변화

아랫배가 불러오며 제법 임신한 태가 납니다. 식욕이 점점 늘고 유선이 발달해
가슴이 커지기 시작해요. 태동을 느끼는 시기이기도 합니다.

아기의 변화

얼굴과 몸통, 팔다리가 자리 잡아 완전한 사람의 형태를 갖춥니다. 양수의 흔들림
같은 외부 자극에 반응해 움직임을 시작하는데, 이것이 바로 태동으로 나타나지요.

오감 발달 및 태교법

콧속에 후각섬모가 생기며 후각이 발달합니다. 엄마가 좋아하는 냄새를 맡으며
정서적 안정을 취하세요. 촉각도 예민하게 발달해 양수의 찰랑임을 대번에 감지해
태동하기도 하지요. 간단한 맨손체조를 하면 태아의 촉각이 자극되어 좋답니다.

아기에게
한마디

세상에, 아가! 엄마 깜짝 놀랐잖니!
갑자기 아랫배에서 꼬물꼬물, 꼬르륵~ 네가 움직이는 바람에
엄마는 그만 '일단 정지!' 상태로 굳어버렸단다!
너의 수줍은 노크에 엄마 아빠가 얼마나 감동했는지 몰라.
우리 아가도 엄마 아빠의 마음을 느꼈니?

태동을 느낀 날의 감동을 적어보세요.

♥ ♥ ♥

태동, 그 감격적인 순간!

엄마가 처음 태동을 느낀 날, 너무나도 기뻐서 그만 온 식구에게 전화를
걸었지 뭐니! 지금까지는 늘 일방통행이라고 생각했는데 네가 엄마
배 속에서 잘 자라고 있다는 답신을 주니 정말 눈물이 날 것 같더구나.
그날의 이야기를 조금 풀어볼게!

처음 태동을 느낀 장소나
그 느낌에 관련된 사진을 붙여주세요

엄마 배에 손을 얹고 있는 아빠 사진을 붙여주세요.
아빠가 처음 태동을 느낀 날,
아기에게 해주었던 얘기가 있다면 적어보세요.

처음 태동을
느낀 날

♥ **너의 태동을 느낀 아빠가 쓰는 편지!** ♥

아빠에게 더 감격스럽다는 태동.
"아빠, 나 여기 있어요!"하고 엄마 배를 노크한
사랑스러운 아기에게 답장을 써보세요.

♥ 출렁출렁~ 양수를 움직이는 엄마의 운동법! ♥

태동은 촉각을 느끼는 아기의 반응입니다.
엄마가 운동을 하면 양수가 흔들리며 촉각이 자극되지요.
엄마가 운동하는 모습을 사진 찍고 붙여보세요.

임신 5개월, 지금 엄마와 아빠는…

보렴, 드디어 엄마 안에 네가 있음이 밖으로도 드러났어!
지금 너는 볼록한 엄마 배에서 헤엄치며 놀고 있겠지?
활발하게 놀아도 괜찮아~ 이제 엄마는 네 태동에 익숙해졌거든!

임신 5개월째 찍은 부부 사진을 붙여보세요.

사진 찍은 날짜

사진 찍은 장소

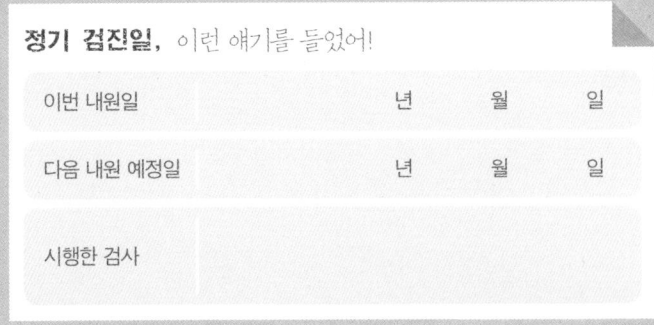

정기 검진일, 이런 얘기를 들었어!

이번 내원일		년	월	일
다음 내원 예정일		년	월	일
시행한 검사				

산부인과 정기 검진일에 의사 선생님에게 들은 내용을 상세히 적어둡니다.
검진표, 영수증 등을 붙여 생생한 느낌을 내보세요.

6개월 아빠 목소리도 알아들어요!

초음파 사진을 부착하세요!

엄마의 변화
자궁이 커지며 하반신의 혈액 순환을 방해해 다리가 저려오기 시작해요.
출산 후 모유 수유를 준비해 초유가 분비되는 시점입니다.

아기의 변화
피부가 형성되고 주름이 잡혀요. 머리카락과 손톱도 생긴답니다.
스스로 자기 얼굴을 쓰다듬고 고개를 움직이는 등 활발하게 활동합니다.

오감 발달 및 태교법
달팽이관이 완성되어 모든 소리를 듣고 구별할 수 있습니다.
엄마 아빠의 목소리를 구별하니 번갈아가며 동화나 동시를 읽어주세요.
엄마와 아빠가 함께 동요를 불러줘도 좋아요.

엄마는 나를 위해 매일 기도하고 있어.
우리 아기가 엄마와 아빠의 사랑을 느끼며
건강하게 무럭무럭 자라길 말이야.
엄마의 마음 속 기도 내용을 들어볼래?

아기를 위한 간절한 소망이 담긴 기도문을 써보세요.
종교와 상관없이 엄마 아빠의 염원을 담아 쓰면 됩니다.

♥ ♥ ♥

랄랄라, 우리 집 음악시간~

도는 하얀 도화지, 레는 둥근 레코드~ 🎵
요즘 엄마 아빠는 동요를 부르기 시작했단다.
엄마와 아빠의 멋들어진 이중창, 잘 듣고 있니?

♥ **엄마 아빠가 즐겨 듣거나 부르는 동요** ♥

함께 동요 부르는 모습을 사진이나
동영상으로 찍어 남겨보세요.

자주 듣는 태교 음반을 기록합니다.
아기가 즐겁게 반응하는 음악이 있다면
그것도 적어보세요.

엄마와 아기가
즐겨 듣는
태교 음악

엄마 아빠가 들려주는 전래동화

오늘은 옛날이야기 속으로 함께 들어가 볼까?
아주 먼 옛날, 호랑이 담배 피우던 시절에 말이지……

♥ **아기가 좋아하는 옛날이야기** ♥

아기에게 자주 읽어주는 동화가 있다면 그 이야기를
그림으로 그려보세요. 그 이야기에 나오는 인물이나
사물 사진을 붙이는 등, 콜라주로 꾸며봐도 좋아요.

임신 6개월, 지금 엄마와 아빠는…

엄마 아빠는 조금씩 임신이라는 거대한 흐름에 적응하고 있어.
몸무게가 늘어나면서 조금씩 불편한 점도 생겼지만,
네 작은 몸짓 하나에 위로받고 있으니 걱정하지 말렴.
오늘도 엄마 아빠는 기운 내서 활짝 웃으며 생활할 테니까!

임신 6개월째 찍은 부부 사진을 붙여보세요.

사진 찍은 날짜

사진 찍은 장소

정기 검진일, 이런 얘기를 들었어!

이번 내원일		년	월	일
다음 내원 예정일		년	월	일
시행한 검사				

산부인과 정기 검진일에 의사 선생님에게 들은 내용을 상세히 적어둡니다.
검진표, 영수증 등을 붙여 생생한 느낌을 내보세요.

7개월 엄마, 나는 자라고 있어요!

초음파 사진을 부착하세요!

엄마의 변화

배가 나오면서 자세가 달라져 요통이 생깁니다. 소변을 자주 보거나 변비가 생기고 몸이 자주 붓습니다. 배와 엉덩이, 가슴에 임신선이 나타나기도 합니다.

아기의 변화

폐가 발달해 스스로 호흡하는 흉내를 냅니다. 두뇌 발달이 활발한 시기라 여러 자극에 반응을 잘 나타냅니다. 태동이 격해져 엄마를 놀라게 하기도 합니다.

오감 발달 및 태교법

다방면으로 뇌 발달이 일어나는 시기이니 오감을 자극해 아기의 지능 발달을 도우세요. 쓴맛과 단맛을 구별할 수 있을 정도로 미각이 발달하는 때입니다. 여러 가지 음식을 먹으며 아기와 대화를 나누세요.

엄마 아빠는 너를 위한 물품을 준비하고 있어.
자그마한 배냇저고리, 깜찍한 신발, 딸랑거리는 장난감……
네가 세상에 태어나길 기다리는 것들이지.
엄마 아빠의 깜짝 선물을 기대해도 좋아!

아기 방이나 아기 침대, 아기 물품처럼 아기를 위해 준비한 것들에 관해 얘기해보세요.

♥ ♥ ♥

영혼을 채우는 언어

문득 가슴에 스며들어 깨달음을 주는 말들이 있단다.
언어는 쓸쓸한 마음을 위로하기도 하고,
행복감을 일깨워주기도 하는 고마운 도구야.
네게도 이런 마음을 알려줄게.

💗 **엄마 아빠의 좌우명** 💗

엄마와 아빠의 좌우명을 적고 설명해보세요.

좋아하는 책이 있거나 마음을 울리는
책 속 문장이 있다면 적거나 복사해서 붙여보세요.
예쁜 수첩에 따로 적었다가 붙여도 좋아요.

♥ 가슴을 울리는 명언 ♥

아기에게 들려주고 싶은 명언이나 좋은 글귀,
드라마나 영화의 명대사나 명시를 적어봅니다.

누군가가 해줬던 말 중에서 위로가 되었던 말,
행복감을 주었던 말이 있다면 적어보세요.
편지나 문자, 이메일로 주고받았던 얘기도 좋아요.

임신 7개월, 지금 엄마와 아빠는…

너를 맞이하기 위한 준비가 시작됐어!

귀여운 젖병, 보송보송한 베개, 알록달록 모빌도 준비했단다.

엄마 아빠가 고른 아가용품과 함께 찰칵~

임신 7개월째 찍은 부부 사진을 붙여보세요.

사진 찍은 날짜

사진 찍은 장소

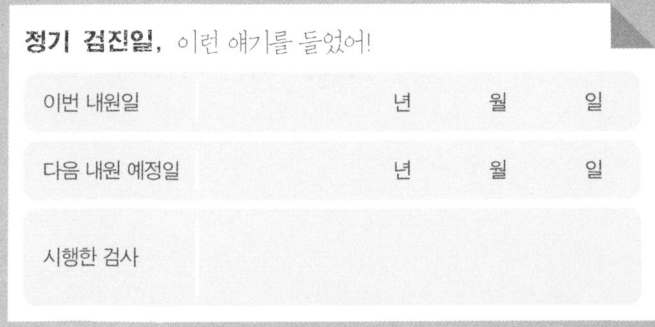

정기 검진일, 이런 얘기를 들었어!

이번 내원일	년	월	일
다음 내원 예정일	년	월	일
시행한 검사			

산부인과 정기 검진일에 의사 선생님에게 들은 내용을 상세히 적어둡니다.
검진표, 영수증 등을 붙여 생생한 느낌을 내보세요.

8개월 쿵쿵, 내가 기억하는 엄마 냄새!

초음파 사진을 부착하세요!

엄마의 변화

자궁이 쉽게 수축하며 배가 팽팽하게 땅기는 느낌이 듭니다. 출산을 앞두고
조기진통을 겪기도 하지요. 손발 저림이 심해지고 임신선이 더욱 짙어집니다.

아기의 변화

머리가 아래로 향합니다. 뇌가 거의 성장해 이제 엄마의 기분을 판단하고
냄새를 기억하는 등, 여러 가지 감각 처리가 가능해집니다.
신체 기관과 기능도 모두 갖춰졌어요.

오감 발달 및 태교법

소리의 강약을 통해 엄마의 기분을 판단할 수 있고, 엄마 냄새나 자주 접한
음식물 냄새를 기억하기도 합니다. 퍼즐이나 스도쿠 등으로 뇌에 자극을 주세요.

아빠와 함께 네가 태어나기 전 마지막 여행을 다녀왔단다.
우리 아가도 엄마 안에서 아름다운 풍경을 감상했지?
언젠가는 네 손을 잡고 이곳을 다시 찾고 싶구나.

부부가 다녀온 태교여행 사진을 붙이고 어떤 일이 있었는지 적어주세요.

♥ ♥ ♥

먼 기억 속의 엄마와 아빠는?

엄마가 떠올릴 수 있는 가장 오래된 기억은

너희 외할머니 손을 잡고 시장에 갔던 때란다.

아빠는 너희 할아버지가 맛있는 간식을 사왔을 때라고 하더라.

이번엔 엄마와 아빠의 따뜻한 기억에 대해 얘기해줄게.

💗 엄마가 떠올린 가장 오래된 기억 💗

유년기의 첫 기억이 무엇인지 적어보세요.
그때를 떠올릴 수 있는 사진을 붙이거나
그림을 그려봐도 좋아요.

🧡 어린 시절 부모님과의 추억 🧡

부모님과의 즐거웠던 추억을 떠올리고
그때의 기억을 적어보거나 사진을 붙여보세요.

엄마와 아빠의 어린 시절 모습 사진을
하나씩 골라서 붙여보세요.

임신 8개월, 지금 엄마와 아빠는…

아빠 얼굴이 조금 까칠해지지 않았니?

요즘 아빠는 저릿저릿한 엄마 팔다리를 마사지하랴,

맛있는 음식을 대령하랴, 무척이나 바쁜 나날을 보내고 있단다.

아빠에게 감사하다는 말을 전해보렴!

임신 8개월째 찍은 부부 사진을 붙여보세요.

사진 찍은 날짜

사진 찍은 장소

정기 검진일, 이런 얘기를 들었어!

이번 내원일		년	월	일
다음 내원 예정일		년	월	일
시행한 검사				

산부인과 정기 검진일에 의사 선생님에게 들은 내용을 상세히 적어둡니다.
검진표, 영수증 등을 붙여 생생한 느낌을 내보세요.

9개월 엄마와 함께 세상을 보고 있어요!

초음파 사진을 부착하세요!

엄마의 변화

자궁이 위, 심장, 폐를 압박해 가슴이 답답해지고 호흡도 힘들어져요.
몸무게가 급격히 증가하고 하지 부종도 심해집니다.

아기의 변화

태아가 크면서 상대적으로 자궁이 좁아져 예전만큼 활발히 움직이지 못해요.
하지만 스스로 몸을 움직여 위치를 조정할 수는 있답니다.
얼굴의 주름이 없어져 매끈하게 보여요.

오감 발달 및 태교법

8~10개월에 걸쳐 시신경이 폭발적으로 발달합니다. 빛을 확실하게 인지하고
명암을 구분합니다. 화려한 색채의 다양한 이미지를 보여주세요. 명화 같은
미술품도 좋지만 밖으로 나가 아름다운 자연을 보여주는 것도 좋아요.

네가 찾아온 그 순간부터
엄마에게는 반짝반짝 빛나는 날들이 펼쳐졌어.
무심히 지나치던 하루하루가 이렇게 아름답다는 것을
네 덕분에 깨닫게 됐지 뭐니.
우리 아기도 반짝반짝 햇살을 느끼고 있니?

일상의 소소한 행복감을 적어보세요.

♥ ♥ ♥

보고 또 보고~

임신 기간에 귀여운 아기 사진이나 좋아하는 사람의 사진을
자주 들여다보면 태어날 아기가 그 사진을 닮는다는 얘기가 있어.
엄마 아빠는 그래서 이런 사진을 보고 있단다!

엄마가 좋아하며 자주 보는
아기 사진이나 연예인 사진을 붙여보세요

아빠가 좋아하며 자주 보는
아기 사진이나 연예인 사진을 붙여보세요.

아름다운 그림과 사진을 감상할까?

엄마가 요즘 '꽂힌' 그림은 엄마와 아기가 즐거운 한때를 보내는 것들이란다.

아빠는 자연을 담은 사진이 좋아졌대.

요즘 엄마 아빠가 즐겁게 보는 것들을 네게도 공개할게~!

엄마가 좋아하는 명화 그림엽서나
아름다운 사진을 붙여주세요.

아빠가 좋아하는 명화 그림엽서나
아름다운 사진을 붙여주세요.

임신 9개월, 지금 엄마와 아빠는…

묵직한 엄마의 배가 보이니?

이 장면을 드라마 명대사로 표현하자면 바로 이 말일 거야.

"이 안에 너 있다!"

하하하! 까르르 웃는 네 모습이 마구 상상되는데?

임신 9개월째 찍은 부부 사진을 붙여보세요.

사진 찍은 날짜	
사진 찍은 장소	

정기 검진일, 이런 얘기를 들었어!

이번 내원일		년	월	일
다음 내원 예정일		년	월	일

시행한 검사

산부인과 정기 검진일에 의사 선생님에게 들은 내용을 상세히 적어둡니다.
검진표, 영수증 등을 붙여 생생한 느낌을 내보세요.

10개월 지금 만나러 갈게요!

· · · ·
초음파 사진을 부착하세요!

엄마의 변화
분만이 가까워져 자궁 높이가 서서히 내려갑니다.
변비, 빈뇨 증상이 있으며 출산을 대비해 자궁이 수축되는 가진통이 오기도 합니다.
이슬이 비치면 출산이 가까워졌다는 신호이니 몸의 변화를 잘 관찰하세요.

아기의 변화
완전히 성장해 세상 밖으로 나갈 날만을 기다리고 있습니다.
탄생을 앞두고 엄마의 골반 안쪽으로 머리를 향하고 있어요.
장 속에 암녹색 태변이 차 있는데, 분만 도중이나 출산 후 배변하게 됩니다.

오감 발달 및 태교법
청각 자극보다 빛의 자극에 더 민감한 반응을 보입니다.
다른 감각은 많이 발달한 상태지만 시각은 아직 덜 발달했기 때문입니다.
시각은 아기가 태어난 이후에도 점진적으로 발달한답니다.
요가와 발레, 산책을 꾸준히 하고 호흡법과 명상으로 마음을 다스리세요.

아기에게 한마디

두근두근, 엄마 가슴이 뛴다.
아빠는 엄마의 일거수일투족에 신경 쓰느라 밤잠도 설치고 있어.
곧 태어날 네게 부치는 엄마 아빠의 러브레터,
조금 쑥스럽지만 받아주겠니?

배 속 아기에게 띄우는 마지막 편지를 써볼까요?

♥ ♥ ♥

너와 함께한 행복한 순간들

네가 쑥쑥 자라온 지난 열 달간, 엄마 아빠도 너와 함께 부쩍 자랐다.

힘들 때도, 괴로울 때도 있었지만, 언제나 너와 함께했기에

엄마 아빠는 즐겁게 견딜 수 있었어.

이건 너와 함께 한 뼘 더 자란 엄마와 아빠의 열 달 성장기란다.

임신 기간 동안 일어난 일 중
기억에 남는 사건이나 순간을 기록해보세요.
사진을 붙이거나 그림을 그려도 좋아요.

내 곁의 그대, 고맙습니다.

어려울 때도 있었습니다. 그저 울고만 싶을 때도 있었지요.

그럴 때마다 손을 내밀어 나를 이끌어준 건 바로 당신이었습니다.

내 곁의 어여쁜 사람, 고맙습니다.

그대가 있어서 여기까지 올 수 있었습니다.

부부의 연을 돈독히 하는 시간을 가져볼까요?
서로에게 감사한 마음을 담아 짧은 편지를 써보세요.
주고받은 카드나 엽서가 있다면 그것을 붙여도 됩니다.

임신 10개월, 지금 엄마와 아빠는…

네가 태어나기 전 찍은 마지막 사진이야.

상기된 얼굴로 너를 기다리는 엄마 아빠의 모습이 보이니?

아가야, 여기까지 함께 와주어서 정말 고맙다.

출산까지 조금만 더 힘내자!

임신 10개월째 찍은 부부 사진을 붙여보세요.

사진 찍은 날짜

사진 찍은 장소

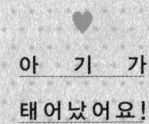

아 기 가

태 어 났 어 요 !

태어난 아기의 사진이나
발도장, 손도장 등을 붙이세요.

아기 이름 ....

태어난 날 .... 년 월 일 시 분

키 / 몸무게 ....

머리둘레 / 가슴둘레 ....

♥ 방문 시 받는 기본 검사

기본적으로 병원을 방문할 때마다 받는 검사입니다. 경우에 따라서는 여기에 소개한 검사 외에도 다양한 검사가 추가될 수 있습니다.

체중 측정　임신 중기에는 1주일에 350~400g, 임신 후기에는 300~350g 정도 느는 것이 정상입니다.

혈압 측정　임신중독증이나 신장, 감염 등을 진단하는 데 매우 유익한 검사입니다. 평상시 혈압을 알아두면 측정에 도움이 됩니다.

소변과 부종 검사　소변 검사를 통해 소변 내 단백질과 당의 유무, 세균 유무를 확인할 수 있습니다.

빈혈 검사　혈중 헤모글로빈 수치를 검사해 빈혈 여부를 판단합니다. 변화 추이를 살펴보며 임신성 빈혈이 일어나지는 않는지 면밀히 따집니다.

초음파 검사　임신 기간 동안 계속해서 받는 대표적인 검사 입니다. 보통 3개월에 한 번씩 하지만, 병원마다 차이가 있습니다.

♥ 임신 시기별 산전 검사

시기를 놓치지 않고 받아야 할 검사를 따로 모았습니다. 임신 3개월 이전, 즉 임신 사실을 알자마자 받아야 하는 검사가 조금 많은 편입니다. 이 시기가 지나면 받아야 할 검사가 조금 줄어들지요.

・임신 3개월(12주) 이전
임신 12주 이전에는 혈색소 검사, 혈액형 검사(RH, ABO type), 간염 검사, 간 기능 검사, 일반 소변 검사, 풍진 검사, 매독 혈청 검사 등을 받습니다. 기형아 검사로 융모막 검사(CVS)를 하기도 하는데 이는 8~12주 사이에 시행하며, 다운 증후군 같은 염색체 이상을 확인합니다.

풍진 검사　임신 초기에 풍진에 감염되면 심장, 눈, 귀, 지능에 문제가 있는 아이를 출산할 수 있습니다. 임신 전에 풍진 예방주사를 맞았다면 최소 3개월 이후에 임신해야 합니다.

매독 검사　매독은 태아에게까지 감염되어 유산, 조산, 선천성매독아를 출산하게 합니다. 매독은 임신 14주 이내에 발견해 치료하면 태아에 영향을 끼치지 않으니, 꼭 검사를 통해 치료받으세요.

B형 반응 검사　B형 간염 검사를 미리 받아 아이가 출산 시에 엄마로부터 감염되지 않도록 적절한 조치를 취해야 합니다.

혈액형 검사　Rh+인지 Rh-인지 가려내는 검사입니다. 엄마가 Rh-이고 아빠 Rh+라면 출산할 때 여러 가지 위험이 따르므로 검사를 통해 정확한 치료를 받아야 합니다.

융모막 검사　초음파 검사로 태아의 심박동 유무, 임신낭의 수, 크기, 성장이 적절한지 등을 확인하고 융모막의 위치를 확인한 후 부분 마취합니다. 임신부의 자궁 경관을 통해 가느다란 관을 삽입하여 태반의 조직을 흡입해내거나, 복벽을 통해 주사침을 삽입하여 태반조직을 흡입해 염색체 이상을 검사합니다. 융모막 검사는 35세 이상인 임신부나 유사 경험 있는 경우에 선별적으로 시행합니다.

• 임신 4~5개월(16~20주)

이 시기에는 기형아 검사를 시행합니다. 트리플 마커 검사(무뇌아 등의 신경관 결손, 식도 및 장폐쇄증, 다운증후군 등 염색체 이상 검사)는 6~18주에 하며, 양수 검사(융모막 검사와 동일, 트리플 마커 검사에서 이상치가 나온 경우 실시)는 16~20주에 시행합니다.

양수 검사　부분 마취한 다음 초음파로 태아를 관찰하면서 임신부의 복벽을 통해 가느다란 바늘을 주입하여 $20ml$ 정도의 양수를 흡입합니다. 이 검사를 통해 태아의 뇌나 척수가 정상적으로 형성되지 못해 발생하는 기형인 무뇌아, 척수이분증 등의 신경관 결손을 알아낼 수 있습니다.

• 임신 6~7개월(24~28주)

임신성 당뇨 검사를 시행합니다. 금식 여부나 검사 기간에 관계없이 50g의 포도당을 복용하고 1시간 후에 혈당을 검사하여 $140mg/dl$ 이상이면 다시 정밀 검사를 합니다. 정밀 검사는 8~14시간 금식 후 공복 혈당을 검사한 다음 100g의 포도당을 복용하고 1시간, 2시간, 3시간째 혈당을 검사합니다.

※ 융모막 검사, 양수 검사, 당뇨 검사 등은 혈액 검사와 초음파 검사에서 이상이 발견되었을 경우에만 시행하는 정밀 검사로, 모든 임신부에게 시행하는 것은 아닙니다.

| 표준 예방접종 일정표 |

대상 전염병	백신 종류 및 방법	0개월	1개월	2개월	4개월	6개월
결핵	BCG (피내용)	1회				
B형간염	HepB	1차	2차			3차
디프테리아/파상풍/ 백일해	DTaP			1차	2차	3차
	Td/Tdap					
폴리오	IPV (사백신)			1차	2차	3차
홍역/ 풍진/ 유행성이하선염	MMR					
수두	Var					
일본뇌염	JEV (사백신)					
인플루엔자	Flu (사백신)					
	Flu (생백신)					
장티푸스	경구용					
	주사용					

※ 국가 필수 예방접종만을 표기하였습니다.
※ 표준 예방 일정에 따라 접종하지 못한 경우(지연 접종, 미접종 등) 다음 차수에 대한 예방 접종 일정이 다를 수 있으므로 자세한 예방 접종 일정은 방문하실 보건소 및 병의원에 확인하시기 바랍니다.